水利工程项目管理与水库调度

马英豪　慈芳芳　韩雪凝　著

哈尔滨出版社
HARBIN PUBLISHING HOUSE

图书在版编目（CIP）数据

水利工程项目管理与水库调度 / 马英豪，慈芳芳，
韩雪凝著． — 哈尔滨：哈尔滨出版社，2024.1

ISBN 978-7-5484-7434-0

Ⅰ．①水… Ⅱ．①马… ②慈… ③韩… Ⅲ．①水利工
程管理－项目管理②水库调度 Ⅳ．① TV512 ② TV697.1

中国国家版本馆 CIP 数据核字（2023）第 138966 号

书　　名：**水利工程项目管理与水库调度**
SHUILI GONGCHENG XIANGMU GUANLI YU SHUIKU DIAODU

作　　者：马英豪　慈芳芳　韩雪凝　著

责任编辑：韩伟锋

封面设计：张　华

出版发行：哈尔滨出版社（Harbin Publishing House）

社　　址：哈尔滨市香坊区泰山路 82-9 号　邮编：150090

经　　销：全国新华书店

印　　刷：廊坊市广阳区九洲印刷厂

网　　址：www.hrbcbs.com

E－mail：hrbcbs@yeah.net

编辑版权热线：（0451）87900271　87900272

开　　本：787mm×1092mm　1/16　印张：11.75　字数：260 千字

版　　次：2024 年 1 月第 1 版

印　　次：2024 年 1 月第 1 次印刷

书　　号：ISBN 978-7-5484-7434-0

定　　价：76.00 元

凡购本社图书发现印装错误，请与本社印刷部联系调换。

服务热线：（0451）87900279

前　言

随着社会经济的发展，国家对于基础建设越来越重视。在各种基础建设中，水利工程建设也得到了高度的重视。水利工程项目作为一个复杂的系统工程，它在水利工程建设中发挥着重要的作用，也关系着我国的国计民生和社会建设。

水利是国民经济的命脉，水利工程项目管理工作是水利工程建设的重要组成部分。同时为了充分发挥水利工程的综合效益，就需要强化对水利工程的项目管理，这样既能保证水利工程的安全，也能使经济社会迅速发展。为了使工程建设有序进行，要防范风险，提高水利工程整体管理水平，这对水利工程建设以及社会的发展具有十分重要的现实意义。

随着社会经济的快速发展，人们对生态环境越来越重视，以兴利和防洪为主的传统水库调度已逐步转向多方面的调度，并最终实现水库综合调度。目前，世界上大部分流域出现了不同程度的问题，并且有愈演愈烈的趋势。因此，研究水库调度具有重要的现实意义。水库调度是在满足人们对水的基本需求的前提下，将各因子纳入传统水库调度中，旨在恢复和维系河流系统。

本书是一本关于水利工程的专著，主要讲述的是水利工程的项目管理以及水库调度。首先，本书对水利工程的有关知识进行讲述；接着，本书对水利工程项目管理进行讲述；最后，本书对水库调度进行讲述。通过本书的讲解，希望能够给读者提供一定的参考价值。

目　录

第一章 绪论

水利工程作为我国重要的国民经济和社会发展的基础设施，一直发挥排洪排涝、减灾的作用，为人民的安全和经济的发展贡献了巨大的力量。本章主要对水利工程的概述及发展进行分析，以求实现更好的发展。

第一节 概述

一、水利工程的分类

按目的或服务对象可分为：防止洪水灾害的防洪工程；防止旱、涝、渍灾，为农业生产服务的农田水利工程，也称灌溉和排水工程；将水能转化为电能的水力发电工程；改善和创建航运条件的航道和港口工程；为工业和生活用水服务，并处理和排除污水、雨水的城镇供水和排水工程；防止水土流失和水质污染，维护生态平衡的水土保持工程和环境水利工程；保护和增进渔业生产的渔业水利工程；围海造田，满足工农业生产或交通运输需要的海涂围垦工程等。一项水利工程同时能够为防洪、灌溉、发电、航运等多种对象服务的，称为综合利用水利工程。

蓄水工程指水库和塘坝（不包括专为引水、提水工程修建的调节水库），按大、中、小型水库和塘坝分别统计。引水工程指从河道、湖泊等地表水体自流引水的工程（不包括从蓄水、提水工程中引水的工程），按大、中、小型规模分别统计。提水工程指利用扬水泵站从河道、湖泊等地表水体提水的工程（不包括从蓄水、引水工程中提水的工程），按大、中、小型规模分别统计。调水工程指水资源一级区或独立流域之间的跨流域调水工程，蓄、引、提工程中均不包括调水工程的配套工程。地下水源工程指利用地下水的水井工程，按浅层地下水和深层承压水分别统计。

二、特点

1. 有很强的系统性和综合性

单项水利工程是同一流域，同一地区内各项水利工程的有机组成部分。这些工程既相辅相成，又相互制约，单项水利工程自身往往是综合性的，各服务目标之间既紧密联系，又相互制约。水利工程和国民经济的其他部门也是紧密相关的。规划设计水利工程必须从全局出发，系统地、综合地分析研究，才能得到最为经济合理的优化方案。

2. 对环境有很大影响

水利工程不仅通过其建设任务对所在地区的经济和社会产生影响，而且对江河、湖泊以及附近地区的自然面貌、生态环境，甚至对区域气候，都将产生不同程度的影响。这种影响有利有弊，规划设计时必须对这种影响进行充分估计，努力发挥水利工程的积极作用，减轻消极影响。

3. 工作条件复杂

水利工程中各种水工建筑物都是在难以确切把握的气象、水文、地质等自然条件下施工和运行的，它们又多承受水的推力、浮力、渗透力、冲刷力等的作用，工作条件较其他建筑物更为复杂。

4. 水利工程的效益具有随机性

根据每年水文状况不同而效益不同，农田水利工程的效益还与气象条件的变化有密切联系。

5. 水利工程一般规模大，技术复杂，工期较长，投资多

兴建时必须按照基本建设程序和有关标准进行。

三、可供水量

可供水量分为单项工程可供水量与区域可供水量。一般来说，区域内相互联系的工程之间，具有一定的补偿和调节作用，区域可供水量不是区域内各单项工程可供水量相加之和。区域可供水量是由新增工程与原有工程所组成的供水系统根据规划水平年的需水要求，经过调节计算后得出。

1. 区域可供水量

区域可供水量是由若干个单项工程、计算单元的可供水量组成。区域可供水量，一般通过建立区域可供水量预测模型进行计算。在每个计算区域内，将存在相互联系的各类水利工程组成一个供水系统，按一定的原则和运行方式联合调算。联合调算要注意避免重复计算供水量。对于区域内其他不存在相互联系的工程则按单项工程方法计算。可供水量计算主要采用典型年法，对于来水系列资料比较完整的区域，也可采用长系列调算法进行可供水量计算。

2. 蓄水工程

指水库和塘坝（不包括专为引水、提水工程修建的调节水库），按大、中、小型水库和塘坝分别统计。

3. 提水工程

指利用扬水泵站从河道、湖泊等地表水体提水的工程（不包括从蓄水、引水工程中提水的工程），按大、中、小型规模分别统计。

4. 调水工程

指水资源一级区或独立流域之间的跨流域调水工程，蓄、引、提工程中均不包括调水工程的配套工程。

5. 地下水源工程

指利用地下水的水井工程，按浅层地下水和深层承压水分别统计。

6. 地下水利用

研究地下水资源的开发和利用，使之更好地为国民经济各部门（如城市给水、工矿企业用水、农业用水等）服务。农业上的地下水利用，就是结合改良土壤以及农牧业给水合理开发与有效地利用地下水进行灌溉或排灌。必须根据地区的水文地质条件、水文气象条件和用水条件，进行全面规划。

在对地下水资源进行评价和摸清可开采量的基础上，制订相应开发计划与工程措施。在地下水利用规划中要遵循以下原则：

（1）充分利用地面水，合理开发地下水，做到地下水和地面水统筹安排。

（2）根据各含水层的补水能力，确定各层水井数量和开采量，做到分层取水，浅、中、深结合，合理布局。

（3）必须与旱涝碱咸的治理结合，统一规划，做到既保障灌溉，又降低地下水位、防碱防溃；既开采了地下水，又腾空了地下库容；使汛期能存蓄降雨和地面径流，并为治涝治碱创造条件。在利用地下水的过程中，还须加强管理，避免盲目开采而引起不良后果。

四、组成

1. 挡水建筑物

阻挡或拦束水流、拥高或调节上游水位的建筑物，一般横跨河道者称之为坝，沿水流方向在河道两侧修筑者称之为堤。坝是形成水库的关键性工程。近代修建的坝，大多数是采用当地土石料填筑的土石坝或用混凝土灌筑的重力坝，它依靠坝体自身的重量维持坝的稳定。当河谷狭窄时，可采用平面上呈弧线的拱坝。在缺乏足够筑坝材料时，可采用钢筋混凝土的轻型坝（俗称支墩坝），但它抵抗地震的能力和耐久性都较差。砌石坝是一种古老的坝，不易机械化施工，主要用于中小型工程。大坝设计中要解决的主要问题是坝体抵抗滑动或倾覆的稳定性、防止坝体自身的破裂和渗漏。对于土石坝或砂、土地基来说，防止渗流引起的土颗粒移动破坏（即所谓"管涌"和"流土"）占有更重要的地位。在地震区建坝时，还要注意坝体或地基中浸水饱和的无黏性砂料，在地震时发生强度突然消失而引起滑动的可能性，即所谓"液化现象"。

2. 泄水建筑物

能从水库安全可靠地放泄多余或需要水量的建筑物。历史上曾有不少土石坝，因洪水超过水库容量而漫顶造成溃坝。为保证土石坝的安全，必须在水利枢纽中设河岸溢洪道，一旦水库水位超过规定水位，多余水量将经由溢洪道泄出。混凝土坝有较强的抗冲刷能力，可利用坝体过水泄洪，称溢流坝。修建泄水建筑物，关键是要解决好消能和防蚀、抗磨问题。泄出的水流一般具有较大的动能和冲刷力，为保证下游安全，常利用水流内部的撞击和摩擦消除能量，如水跃或挑流消能等。当流速大于每秒 10~15 米时，泄水建筑物中行水部分的某些不规则地段可能出现所谓空蚀破坏，即由高速水流在临近边壁处引起的真空穴所造成的破坏。防止空蚀的主要方法是尽量采用流线型体形，提高压力或降低流速，采用高强材料以及向局部地区通气等。多泥沙河流或当水中夹带有石渣时，还必须解决抵抗磨损的问题。

3. 专门水工建筑物

除上述两类常见的一般性建筑物外，为某一专门目的或为完成某一特定任务所设的建筑物称专门水工建筑物。渠道是输水建筑物，多数用于灌溉和引水工程。当遇高山挡路，可盘山绕行或开凿输水隧洞穿过（见水工隧洞）；如与河、沟相交，则需设渡槽或倒虹吸，此外还有同桥梁、涵洞等交叉的建筑物。水力发电站枢纽按其厂房位置和引水方式有河床式、坝后式、引水道式和地下式等。水电站建筑物主要有集中水位落差的引水系统，防止突然停车时产生过大水击压力的调压系统，水电站厂房以及尾水系统等。通过水电站建筑物的流速一般较小，但这些建筑物往往承受着较大的水压力，因此，许多部位要用钢结构。水库建成后大坝阻拦了船只、木筏、竹筏以及鱼类洄游等的原有通路，对航运和养殖的影响较大。为此，应专门修建过船、过筏、过鱼的船闸、筏道和鱼道。这些建筑物具有较强的地方性，修建前要做专门研究。

五、规划

水利工程规划的目的是全面考虑、合理安排地面和地下水资源的控制、开发和使用方式，最大限度地做到安全、经济和高效。水利工程规划要解决的问题大体有以下几个方面：根据需要和可能性确定各种治理和开发目标，按照当地的自然、经济和社会条件选择合理的工程规模，制定安全、经济、管理方便的工程布置方案。因此，应首先做好河流流域的水文和水文地质方面的调查研究工作，掌握水资源的分布状况。

工程地质资料是水利工程规划中必须先行研究的又一重要内容，以判别修建工程的可能性和为水工建筑物选择有利的地基条件，并研究必要的补强措施。水库是治理河流和开发水资源中普遍应用的工程形式。在深山峡谷或丘陵地带，可利用天然地形构成的盆地储存多余的或暂时不用的水，供需要时引用。因此，水库的作用主要是调节径流分配，提高水位，集中水面落差，为防洪、发电、灌溉、供水、养殖和改善下游通航创造有利条件。为此，在规划阶段，须沿河道选择适当的位置或盆地的喉部，修建挡水的拦河大坝以及向下游宣泄河水的水工建筑物。在多泥沙河流，常因泥沙淤积使水库容积逐年减小，因此还要估计水库寿命或配备专门的冲沙、排沙设施。

现代大型水利工程，很多具有综合开发治理的特点，故常称"综合利用水利枢纽工程"。它往往兼顾了所在流域的防洪、灌溉、发电、通航、河道治理和跨流域的引水或调水，有时甚至还包括养殖、给水或其他开发目标。然而，要制止水患开发水利，除建设大型骨干工程外，还要建设大量的中小型水利工程，从面上控制水情，并保证大型工程得以发挥骨干作用。防止对周围环境的污染，保持生态平衡，也是水利工程规划中必须研究的重要课题。由此可见，水利工程不仅是一门综合性很强的科学技术，而且还受社会、经济甚至政治因素的制约。

六、展望

当前世界多数国家出现人口增长过快，可利用水资源不足，城镇供水紧张，能源短缺，生态环境恶化等重大问题，都与水有密切联系。水灾防治、水资源的充分开发利用成为当代社会经济发展的重大课题。水利工程的发展趋势主要是：

（1）防治水灾的工程措施与非工程措施进一步结合，非工程措施占越来越重要的地位。

（2）水资源的开发利用进一步向综合性、多目标发展。

（3）水利工程的作用，不仅要满足日益增长的人民生活和工农业生产发展的需要，而且要更多地为保护和改善环境服务。

（4）大区域、大范围的水资源调配工程，如跨流域引水工程，将进一步发展。

（5）由于新的勘探技术、新的分析计算和监测试验手段以及新材料、新工艺的发展，复杂地基和高水头水工建筑物将随之得到发展，当地材料将得到更广泛的应用，水工建筑物的造价将会进一步降低。

（6）水资源和水利工程的统一管理、统一调度将逐步加强。

研究防止水患、开发水力资源的方法及选择和建设各项工程设施的科学技术。主要是通过工程建设，控制或调整天然水在空间和时间的分布，防止或减少旱涝洪水灾害，合理开发和充分利用水力资源，为工农业生产和人民生活提供良好的环境和物质条件。水利工程包括排水灌溉工程（又称农田水利工程）、水土保持工程、治河工程、防洪工程、跨流域的调水工程、水力发电工程和内河航道工程等。其他如养殖工程、给水和排水工程、海岸工程等，虽和水利工程有关，但现在常被列为土木工程的其他分支或其他专门性的工程学科。水利工程原来是土木工程的一个分支，随着水利工程自身的发展，逐渐形成自己的特点，以及在国民经济中的地位日益提升，已成为一门相对独立的技术学科，但仍和土木工程的许多分支保持密切的联系。

七、建设

水利工程的施工有许多地方和其他土木工程类似。导流问题是水利工程施工中的重要环节，常常制约着工程进度。在宽阔河道，一般采用分段围堰的方法，先在河道一侧围出基坑进行这一段拦河闸坝的施工，河水由另一侧通过。这一侧完工后，便转移至另一侧施工，河水从已建的部分建筑物通过。用围堰拦截水流强令其转移至已建工程通过，称为截流。此外，还有采用河岸泄水隧洞或坝身底孔导流，这些洞和孔有时专为施工期的导流而设，但也可在施工完毕后留作永久泄水设施。

水利工程的施工周期一般都较长，短则 1~2 年，长则 5~10 年。水利工程的安危常关系到国计民生，工程建成后如不妥善管理，不仅不能积极发挥应有的效用，而且会带来不幸和灾难。运营管理工作中最主要的是监测、维修和科学地使用。为此，每个水利工程一般都设有专门的运营管理机构，它是管理单位，又是生产单位。一个大型综合利用水利枢纽工程，往往和国民经济中的若干部门有关。为更有效地发挥工程作用和充分、经济、合理、安全地利用水力资源，必须加强协调和统一指挥。

第二节　水利工程的发展

一、我国古代水利工程

1. 芍陂

芍陂，又称安丰塘，建于公元前 613 年至公元前 591 年，据传由楚相孙叔敖主持修建。工程位于今安徽寿县南，属淮河渭河水系。与都江堰、漳河集、郑国渠并称为我国古代四大水利工程。

芍陂，是我国有记载可考的早期平原水库之一，但是灌溉面积缺记载。其工程效益一直延续到现代，中华人民共和国成立后成为淠史杭大型灌溉工程的重要组成部分。

2. 邗沟

邗沟，今里运河。建于公元前 486 年，位于江苏扬州—淮阴段，沟通长江和淮河。邗沟是我国有记载可考的第一条人工运河，沟通江、淮两大水系，是南北大运河最早的人工河段。

3. 引漳十二渠

引漳十二渠，建于公元前 400 年，位于河北临漳、属海河漳河水系。古代伟大的无神论者西门豹破除"河伯要妇"残害人民的迷信，兴水利，除水害，引漳灌溉。

4. 鸿沟

建于公元前 360 年，位于河南荥阳，属于黄河—淮河水系。

鸿沟沟通黄淮两大水系，西汉时又名荥阳漕渠，东汉至北宋改称汴河。从荥阳引黄，东南流为鸿沟，航运兼灌溉。其范围约包括今豫东、鲁西南、皖北、苏西北等地区。

5. 都江堰

建于公元前 256 年至公元前 251 年，位于四川都江堰市，属长江岷江水系。

都江堰是秦代劳动人民在法家路线影响下兴修的一项灌溉、防洪、航运的综合利用工程。经历代劳动人民维修，一直发挥工程效益，灌溉面积增大至三百多万亩。中华人民共和国成立后，经过当地人民的扩建维修，灌溉面积已达 1130 万余亩。

6. 郑国渠

建于公元前 246 年，位于陕西泾阳、白水。属于黄河泾河—洛河水系。

郑国渠在秦代法家路线影响下，建成的西引泾水、东注洛河长达三百余里的大型灌溉渠。当时灌溉"四万余顷"，相当于现在的一百一十五万余亩，一说为二百八十万亩。

7. 灵渠

建于公元前 221 年至公元前 219 年，位于广西兴安，属长江、珠江、漓江水系。灵渠是在秦代法家路线的影响下，沟通长江、珠江两大水系的人工运河。

8. 关中漕渠

建于公元前 129 年，位于陕西西安、潼关，属于黄河渭河水系。

关中漕渠在西汉法家路线影响下，由劳动人民"水工"徐伯勘测定线，以渭河为主要水源，从长安沿终南山北麓，东达黄河，长达三百余里的人工运河，沿河居民用以灌田。

9. 汉延渠

建于公元前 119 年、公元前 109 年和 129 年。位于宁夏永宁、银川。属黄河水系。汉延渠是在西汉法家路线影响下修建的，"朔方，西河"（包括今宁夏地区），"通渠置田"。

引黄灌溉。129 年又"没渠为屯田"。1925 年记载，始有"汉延"之名。其灌区规模均不详。1540 年记载："汉（延）渠至（青铜）峡口之东凿引河流，延袤二百五十里，其支流陡口大小三百六十九处"。

10. 汉渠

又称汉伯渠。建于公元前 119 年和公元前 109 年。位于陕西吴忠。属黄河水系。汉渠在西汉法家路线影响下，约与汉伯渠同时，开渠引黄灌溉。当时规模不详。813 年记载："汉渠在（今吴忠）县南五十里。从汉渠北流四十余里，始为千金大陂，其左右又有胡渠、御史、百家等八渠，溉田五百余顷。"1540 年记载："汉伯渠的黄河开闸口，长九十五里。"

11. 龙首渠

又称井渠，建于公元前 115 年，位于陕西澄城、蒲城，属黄河、洛河水系。龙首渠在西汉法家路线影响下，引洛灌溉，因渠线通过黄土高原，明挖容易引起塌方，劳动人民创造了"井渠"——沿渠线挖若干竖井，"深者四十余丈"，井与井之间挖成隧道，"井下相通行水"。这项施工方法传到新疆，发展成为"坎儿井"。伊朗和中亚细亚等地区，也曾应用这种地下井渠（奇雅里吉）灌溉。

12. 白渠

建于公元前 95 年，位于陕西泾阳、高陵，属黄河、泾河、渭河水系。

白渠在西汉法家路线影响下，"穿渠引泾水"，渠长二百里，灌田三十多万亩，扩大了原有郑国渠的灌溉面积。当时流传的民歌："泾水一石，其泥数斗，且溉且粪，长我禾黍。衣食京师，亿万之口。"歌颂了郑、白两渠的效益。

13. 镜湖

又名灌湖，建于 140 年，位于浙江绍兴，属钱塘江杭州湾水系。

镜湖是我国东南地区早期灌溉水库，灌田相当现代六十多万亩。工程设施是"筑塘蓄水高丈余"，便于排除田间积水，并防止海潮侵袭。能灌能排，在之后大约八百年中发挥效益。

14. 戾陵遏

又名车箱渠，建于 250 年和 262 年，位于北京通州区。属永定河、白河水系。戾陵遏是北京地区历史上第一个大型水利工程。在曹操法家路线影响下，在今石景山南麓筑坝（戾陵遏）引永定河水进入灌渠（车箱渠），全长百余里，灌田七十多万亩，尾水注入白河。这个工程屡经维修，曾陆续使用了三百年。

15. 海塘

建于 713 年、910 年、1024 年和 1784 年，位于东海杭州湾。是我国东南沿海挡御海潮、保障生产的大型石堤工程，全长约二百千米。海塘建筑起始于汉，具体年代已不可考。713 年重修，"长百二十四里"。910 年开始用竹笼装石块砌筑，其后少有兴建。直至 1784 年，全部大修，即具有现在海塘的规模。

16. 大运河

又名京杭大运河，建于 369 年、605 年、611 年、1204 年、1283 年、1289 年、1292 年、1293 年、1604 年、1687 年，位于北京、河北、天津、山东、江苏、浙江，属海河、黄河、淮河、长江、钱塘江水系。

大运河是我国古代伟大的水利工程，全长一千七百多千米。它大部分利用自然河道、湖泊，并在部分地区加以人工开挖，逐步发展而成。创始于公元前 486 年的"邗沟"；369 年在今山东鱼台、济宁间开挖"桓公渎"；605 年复修邗沟，部分改线；611 年在今江苏镇江、浙江杭州间开挖运河，1293 年整修，定名为通惠河；1283 年在今山东济宁、东阿间开挖"济州河"；1289 年又在今山东梁山、临清间开挖"会通河"。1293 年，京杭运河全线开始连接通航，基本维持到 1901 年，通航达六百年。山东境内运河因水量不足，曾建船闸三十余座控制。北京通惠河也曾采用船闸。为了避免徐州、淮阴间利用当时黄河通航的艰险局面，曾两次局部改线，1604 年在今江苏沛县、邳州市间开迦河；1687 年又在今江苏邳州市、淮阴间开中运河，连接迦河。至此，运河只在淮阴清口以北穿黄北上，不再借黄行运。大运河的建设和通航，体现了我国劳动人民征服自然的伟大力量和智慧，在历史上对文化、经济等方面贡献巨大。

17. 唐徕渠

又名唐渠，建于 820 年，位于宁夏青铜峡、银川，属黄河水系。

8 世纪左右，宁夏地区民族战争频繁，778 年和 792 年，曾发生破坏"水口"、填塞渠道等事件。820 年，修复旧有"光禄渠，溉田千余顷"。1295 年记载，始有"唐来"之名。1540 年记载："唐渠自汉（延）渠之西，凿引河流，延袤四百里，其支流陡口大小八百八处。"

二、我国水利工程建设现状

我国是一个水旱灾害频繁发生的国家，从一定意义上说，中华民族五千年的文明史也是一部治水史，兴水利、除水害历来是治国安邦的大事。中华人民共和国成立后，国家高度重视水利工作，领导全国各族人民开展了波澜壮阔的水利建设，取得了举世瞩目的巨大成就。我国进一步明确了新形势下水利的战略地位，水利改革发展的指导思想、目标任务、工作重点和政策举措，必将推动水利实现跨越式发展。下面，从我国的基本水情及水利建设现状、存在的主要问题和对策措施等方面，作简要介绍。

（一）我国的基本水情及水利建设现状

1. 我国的基本水情

我国南北跨度大、地势西高东低，大多地处季风气候区，加之人口众多，与其他国家相比，我国的水情具有特殊性，主要表现在以下四个方面：

一是水资源时空分布不均，人均占有量少。根据最新的水资源调查评价成果，我国水资源总量 2.84 万亿立方米，居世界第 6 位。但人均水资源占有量约 2100 立方米，仅为世界平均水平的 28%；耕地亩均水资源占有量 1400 立方米，约为世界平均水平的一半。从水资源时间分布来看，降水年内和年际变化大，60%~80% 主要集中在汛期，地表径流年际间丰枯变化一般相差 2~6 倍，最大达 10 倍以上；而欧洲的一些国家降水年内分布比较均匀，比如英国秋季降水最多，占全年的 30%，春季降水最少，占全年的 20%，丰枯变化不大。从水资源空间分布来看，北方地区国土面积、耕地、人口分别占全国的 64%、60% 和 46%，而水资源量仅占全国的 19%。其中黄河、淮河、海河流域 GDP 约占全国的 1/3，而水资源量仅占全国的 7%，是我国水资源供需矛盾最为尖锐的地区。由于气候变化和人类活动的影响，自 20 世纪 80 年代以来，我国水资源情势发生明显变化，北方黄河、淮河、海河、辽河流域水资源总量减少 13%，其中海河流域减少 25%。从总体看，我国水资源禀赋条件并不优越，尤其是水资源时空分布不均，导致我国水资源开发利用难度大、任务重。

二是河流水系复杂，南北差异大。我国地势从西到东呈三级阶梯分布，山丘高原占国土面积的69%，地形复杂。我国江河众多、水系复杂，流域面积在100平方千米以上的河流有5万多条，按照河流水系划分，分为长江、黄河、淮河、海河、松花江、辽河、珠江等七大江河干流及其支流，以及主要分布在西北地区的内陆河流、东南沿海地区的独流入海河流和分布在边境地区的跨国界河流，构成了我国河流水系的基本框架。河流水系南北方差异大：南方地区河网密度较大，水量相对丰沛，一般常年有水；北方地区河流水量较少，许多为季节性河流，含沙量高。河流上游地区河道较窄，比降大，冲刷严重；中下游地区河道较为平缓，一些河段淤积严重，有的甚至成为地上河，比如黄河中下游河床高出两岸地面，最高达13米。以上这些特点，加之人口众多、人水关系复杂，决定了我国江河治理难度大。

三是地处季风气候区，暴雨洪水频发。受季风气候影响，我国大部分地区夏季湿热多雨、雨热同期，不仅短历时、高强度的局地暴雨频繁发生，而且长历时、大范围的全流域降雨也时有发生，几乎每年都会发生不同程度的洪涝灾害。我国的重要城市、重要基础设施和粮食主产区主要分布在江河沿岸，仅七大江河防洪保护区内就居住着全国1/3的人口，拥有22%的耕地，约一半的经济总量。随着人口的增长和财富的积聚，对防洪保安的要求越来越高，防洪任务更加繁重。

四是水土流失严重，水生态环境脆弱。由于特殊的气候和地形地貌条件，特别是山地多，降雨集中，加之人口众多和不合理的生产建设活动，我国是世界上水土流失最严重的国家之一，水土流失面积达356万平方千米，占国土面积的1/3以上，土壤侵蚀量约占全球的20%。从分布来看，主要集中在西部地区，水土流失面积297万平方千米，占全国的83%。从土壤侵蚀来源来看，坡耕地和侵蚀沟是水土流失的主要来源，3.6亿亩坡耕地的土壤侵蚀量占全国的33%，侵蚀沟水土流失量约占全国的40%。此外，我国约有39%的国土面积为干旱半干旱区，降雨少，蒸发大，植被盖度低，特别是西北干旱区，降水极少，生态环境十分脆弱。比如塔里木河、黑河、石羊河等生态脆弱河流，对人类活动影响十分敏感，遭受破坏恢复难度大。

综上所述，人多水少、水资源时空分布不均是我国的基本国情水情，洪涝灾害频繁、水资源严重短缺、水土流失严重以及水生态环境脆弱等特点，决定了我国是世界上治水任务最为繁重、治水难度最大的国家之一。

2. 我国水利建设现状

中华人民共和国成立之初，我国大多数江河处于无控制或控制程度很低的自然状态，水资源开发利用水平低下，农田灌排设施极度缺乏，水利工程残破不全。多年来，围绕防洪、供水、灌溉等，除害兴利，开展了大规模的水利建设，初步形成了大中小微结合的水利工程体系，水利面貌发生了根本性变化：

一是大江大河干流防洪减灾体系基本形成。七大江河基本形成了以骨干枢纽、河道堤防、蓄滞洪区等的工程措施，与水文监测、预警预报、防汛调度指挥等非工程措施相结合的大江大河干流防洪减灾体系，其他江河治理步伐也明显加快。目前，全国已建堤防29万千米，是中华人民共和国成立之初的7倍。水库从中华人民共和国成立前的1200多座增加到8.72万座，总库容从约200亿立方米增加到7064亿立方米，调蓄能力不断提高。大江大河重要河段基本具备防御中华人民共和国成立以来发生的最大洪水的能力，重要城市防洪标准达到100~200年一遇。

二是水资源配置格局逐步完善。通过兴建水库等蓄水工程，解决水资源时间分布不均问题；通过跨流域和跨区域引调水工程，解决水资源空间分布不均的问题。目前，我国初步形成了蓄引提调相结合的水资源配置体系。例如，密云水库、潘家口水库的建设为北京和天津市提供了重要水源。辽宁大伙房输水工程、引黄济青工程的兴建，缓解了辽宁中部城市群和青岛市的供水紧张局面。随着南水北调工程的建设，我国"四横三纵、南北调配、东西互济"的水资源配置格局将逐步形成。全国水利工程年供水能力较中华人民共和国成立初增加6倍多，城乡供水能力大幅度提高，中等干旱年份可以基本保证城乡供水安全。

三是农田灌排体系初步建立。中华人民共和国成立以来，特别是20世纪50年代至70年代，开展了大规模的农田水利建设，大力发展灌溉面积，提高低洼易涝地区的排涝能力，农田灌排体系初步建立。全国农田有效灌溉面积由中华人民共和国成立初期的2.4亿亩增加到目前的8.89亿亩，占全国耕地面积的48.7%，其中建成万亩以上灌区5800多处。有效灌溉面积居世界首位。通过实施灌区续建配套与节水改造，发展节水灌溉，灌溉用水总体效率的农业灌溉用水有效利用系数，从中华人民共和国成立初期的0.3提高到0.5。农田水利建设极大地提高了农业综合生产能力，以不到全国耕地面积一半的灌溉农田生产了全国75%的粮食和90%以上的经济作物，为保障国家粮食安全做出了重大贡献。

四是水土资源保护能力得到提高。在水土流失防治方面，以小流域为单元，山水田林路村统筹，采取工程措施、生物措施和农业技术措施进行综合治理，对长江、黄河上中游等水土流失严重地区实施了重点治理，充分利用大自然的自我修复能力，在重点区域实施封育保护。已累计治理水土流失面积105万平方千米，年均减少土壤侵蚀量15亿吨。在生态脆弱河流治理方面，通过加强水资源统一管理和调度、加大节水力度、保护涵养水源等综合措施，实现黄河连续11年不断流，塔里木河、黑河、石羊河、白洋淀等河湖的生态环境得到一定程度的改善。在水资源保护方面，建立了以水功能区和入河排污口监督管理为主要内容的水资源保护制度，以"三河三湖"、南水北调水源区、饮用水水源地、地下水严重超采区为重点，加强了水资源保护工作，部分地区水环境恶化的趋势得到遏制。

（二）我国水利发展存在的主要问题

我国水利发展虽然取得了很大成效，但与经济社会可持续发展的要求相比，还存在不小差距，有些问题还十分突出，主要表现在以下六个方面：

1. 洪涝灾害频繁仍然是中华民族的心腹大患

洪涝灾害是我国发生最为频繁，灾害损失最重，死亡人数最多的自然灾害之一。据史料记载，公元前 206 年至 1949 年，2155 年间平均每两年就发生一次较大水灾，一些大洪水造成死亡人数达到几万甚至几十万。中华人民共和国成立以来，仅长江、黄河等大江大河发生较大洪水 50 多次，造成严重经济损失和大量人员伤亡。据统计，近几十年来，洪涝灾害导致的直接经济损失高达 2.58 万亿元，约占同期 GDP 的 1.5%，而美国仅占 0.22%。随着全球气候变化和极端天气事件的增多，局部暴雨洪水呈多发、频发、重发趋势，流域性大洪水发生概率也在增加，而我国防洪体系中还有许多薄弱环节，一旦发生大洪水，对经济社会发展将造成极大的冲击。

2. 水资源供需矛盾突出仍然是可持续发展的主要瓶颈

我国是一个水资源短缺国家，特别是随着工业化、城镇化和农业现代化的加快推进，水资源供需矛盾将日益突出。一是水资源需求量大。全国用水总量已近 6000 亿立方米，其中农业用水约占 62%。为保证十几亿人的吃饭问题，我国灌溉农业的特点，决定了以农业为主的用水结构将长期存在。根据对今后几十年用水需求的预测，在强化节水的前提下，水资源需求仍将在较长的一段时期内持续增长，特别是工业和城镇用水将增长较快。二是水资源供给能力不足。根据全国水资源综合规划成果，现状多年平均缺水量为 536 亿立方米，工程性、资源性、水质性缺水并存，特别是北方地区缺水严重。目前，我国人均用水量约为 440 立方米，仅为发达国家的 40% 左右，约为世界平均水平的 2/3，供水能力明显不足。三是用水方式粗放。我国单方水粮食产量不足 1.2 千克，而世界先进水平已达 2~2.4 千克；万元工业增加值用水量约 116 立方米，为发达国家的 2~3 倍；农业灌溉用水有效利用系数只有 0.5，远低于 0.7~0.8 的世界先进水平。我国正处在快速发展期，用水需求呈刚性增长，加之用水效率还不高，水资源对经济社会发展的约束将更加凸显。

3. 农田水利建设滞后仍然是影响农业稳定发展和国家粮食安全的最大硬伤

我国的农业是灌溉农业，粮食生产对农田水利的依存度高。目前，农田水利建设严重滞后。一是老化失修严重。现有的灌溉排水设施大多建于 20 世纪 50 年代至 70 年代，由于管护经费短缺，长期缺乏维修养护，工程坏损率高，效益降低，大型灌区的骨干建筑物坏损率近 40%，因水利设施老化损坏年均减少有效灌溉面积约 300 万亩。二是配套不全、标准不高。大型灌区田间工程配套率仅约 50%。不少低洼易涝地区排涝标准不足 3 年一遇。灌溉面积中有 1/3 是中低产田，旱涝保收田面积仅占现有耕地面积的 23%。三是灌溉规模不足。我国现有耕地中，半数以上仍为没有灌溉设施的"望天田"，还有一些水土资源条件相对较好、适合发展灌溉的地区，由于投入不足，农业生产的潜力没有得到充分发挥。农田水利设施薄弱，导致我国农业生产抗御旱涝灾害的能力较低，全国年均旱涝受灾面积 5.1 亿亩，约占耕地面积的 28%。加之受全球气候变化的影响，发生更大范围、更长时间持续旱涝灾害的概率加大，农业稳定发展和国家粮食安全面临较大风险。

4. 水利设施薄弱仍然是国家基础设施的明显短板

国家历来十分重视水利建设，水利基础设施得到了明显改善，但与交通、电力、通信等其他基础设施相比，水利发展相对滞后，是国家基础设施的明显短板。在防洪工程体系方面，仍然存在诸多突出薄弱环节。中小河流防洪标准低，全国近万条中小河流未进行有效治理，目前大多只能防御 3~5 年一遇洪水，有的甚至没有设防，达不到国家规定的 10~20 年一遇以上防洪标准。小型水库病险率高，特别是小型水库病险率更高，病险水库数量高达 4.1 万多座。山洪灾害防御能力弱，我国山洪灾害重点防治区面积约 97 万平方千米，涉及人口 1.3 亿人。绝大多数灾害隐患点尚缺乏监测预警设施，也未进行治理。蓄滞洪区建设滞后，全国大江大河 98 处蓄滞洪区内居住着 1600 多万人，许多蓄滞洪区围堤标准低，缺少进退洪工程和避洪安全设施，难以及时有效启用。在水资源配置工程体系方面，我国天然径流与用水过程不匹配的特点，决定了需要建设大量的水库工程来调蓄径流。但目前我国水库调蓄能力不足，且地区间不平衡，人均水库库容仅为世界平均水平的一半，特别是西南地区水资源开发利用率仅为 1.2%，工程性缺水问题严重。我国人口耕地与水资源不匹配的特点，决定了必须通过兴建必要的跨流域、跨区域水资源调配工程，解决资源性缺水地区水资源承载能力不足的问题，但目前全国和区域的水资源配置体系尚不完善，供水安全保障程度不高。许多城市供水水源单一，缺乏应急备用水源，应对特殊干旱或供水突发事件能力弱，存在潜在的供水安全风险。

5. 水资源缺乏有效保护仍然是国家生态安全的严重威胁

由于一些地方不合理的开发利用，缺乏对水资源的有效保护，导致水生态环境恶化，对国家生态安全造成威胁。一是水污染问题突出。据全国水资源公报，监测评价的 16.1 万千米河长中，有 6.6 万千米水质劣于三类；二是河湖生态状况堪忧。据全国水资源调查评价，经济社会用水挤占河湖生态环境用水量年均达 130 多亿立方米，相当于河湖基本生态环境用水量的 20%~40%，导致河湖水生态严重退化，特别是北方干旱缺水地区尤为突出。河道断流、湖泊萎缩现象比较严重，与 20 世纪 50 年代相比，全国湖泊面积减少了 1.49 万平方千米，约占总面积的 15%；三是地下水超采严重。目前，全国已有地下水超采区 400 多个，总面积近 19 万平方千米，全国地下水年均超采量 215 亿立方米，相当于地下水开采量的 20%。长期地下水超采，导致一些地区发生地面沉降、海水入侵等严重的环境地质问题。

6. 水利发展体制机制不顺仍然是影响水利可持续发展的重要制约

目前制约水利可持续发展的体制机制障碍仍然不少，突出表现在水利投入机制、水资源管理等方面。一是水利投入稳定增长机制尚未建立。我国治水任务繁重，投资需求巨大，由于没有建立稳定增长的投入机制，长期存在较大的投资缺口。一方面，水利在公共财政支出中的比重还不高，波动性较大；另一方面，水利公益性强，又缺乏金融政策支持，融资能力弱，社会投入较少。此外，农村义务工和劳动积累工政策取消后，群众投工投劳锐减，新的投入机制还没有建立起来，对农田水利建设影响很大。二是水资源管理制度体系还不健全。目前我国的水资源管理制度体系与严峻的水资源形势还不完善，流域、城乡水资源统一管理的体制还不健全，水资源保护和水污染防治协调机制还不顺，水资源管理责任机制和考核制度还未建立，对水资源开发利用节约保护实行有效监管的难度较大。三是水利工程良性运行机制仍不完善。

（三）加快水利发展的对策措施

今后一段时间，应按照科学发展的要求，推进传统水利向现代水利、可持续发展水利转变，大力发展民生水利，突出加强重点薄弱环节建设，强化水资源管理，深化水利改革，保障国家防洪安全、供水安全、粮食安全和生态安全，以水资源的可持续利用支撑经济社会的可持续发展。

1. 突出防洪重点薄弱环节建设，保障防洪安全

在继续加强大江大河大湖治理的同时，加快推进防洪重点薄弱环节建设，不断完善我国防洪减灾体系。

一是加快推进中小河流治理。我国中小河流治理任务繁重，应根据江河防洪规划，按照轻重缓急加快治理。流域面积在3000平方千米以上的大江大河主要支流、独流入海河流和内陆河流，对流域和区域防洪影响较大，应进行系统治理，提高整体防洪能力。流域面积在3000平方千米以下的中小河流数量众多，系统治理投资巨大，近期应选择洪涝灾害易发、保护区人口密集、保护对象重要的河段进行重点治理，使治理河段达到国家规定的防洪标准。

二是尽快消除水库安全隐患。水库大坝安全事关人民群众生命财产的安全，必须尽快消除安全隐患。近年来，国家投入大量资金，基本完成了大中型病险水库除险加固。当前，应重点对面广量大的小型病险水库进行除险加固，力争短时间内完成除险加固任务。同时，应特别重视水库的管护，明确责任，落实管护人员和经费，防止因管理不善、维修养护不到位再次成为病险水库。

三是提高山洪灾害防御能力。山洪灾害易发区分布范围广，灾害突发性强、破坏性大。应按照以防为主、防治结合的原则，根据全国山洪灾害防治规划，尽快在山洪灾害易发地区建成监测预警系统和群测群防体系，提高预警预报能力，做到转移避让及时；对山洪灾害重点防治区中灾害发生风险较高、居民集中且有治理条件的山洪沟逐步开展治理，因地制宜地采取各种工程措施消除安全隐患；对于危害程度高、治理难度大的地区，应结合生态移民和新农村建设，实施搬迁避让。

四是搞好重点蓄滞洪区建设。为确保蓄滞洪区及时、有效地运用，应加快使用频繁、洪水风险较高、防洪作用突出的蓄滞洪区建设。近期重点是加快淮河行蓄洪区、长江和海河重要蓄滞洪区建设，通过围堤加固、进退洪工程和避洪安全设施建设，改善蓄滞洪区运

用条件。同时,在有条件的地区,积极引导和鼓励居民外迁。逐步建成较为完备的防洪工程体系和生命财产安全保障体系,实现洪水"分得进、蓄得住、退得出",为蓄滞洪区内群众致富创造条件。

在加快防洪工程建设的同时,应高度重视防洪非工程措施建设,完善水文监测体系和防汛指挥系统,提高洪水预警预报和指挥调度能力。加强河湖管理,防止侵占河湖、缩小洪水调蓄和宣泄空间,避免人为增加洪水风险。在确保防洪安全的前提下,科学调度,合理利用洪水资源,增加水资源可利用量,改善水生态环境。

2. 加强水资源配置工程建设,保障供水安全

当前,应针对我国水资源供需矛盾突出的问题,在强化节水的前提下,通过加强水资源配置工程建设,提高水资源在时间和空间上的调配能力,保障经济社会发展用水需求。

一是尽快形成国家水资源配置格局。《全国水资源综合规划》进一步确立了我国"四横三纵"的水资源配置总体格局。

二是完善重点区域水资源调配体系。根据国家总体发展战略和区域经济发展布局,建设一批支撑重点区域发展的水资源调配工程。对于西南等工程性缺水地区,积极有序地推进水库建设,大中小微蓄引提调相结合,提高水资源调配能力。对于资源性缺水地区,要在充分考虑当地水资源条件和大力节水的前提下,合理建设跨流域、跨区域调水工程,促进区域经济社会发展与水资源承载能力相协调。同时,应强化流域水量统一调度,实现水资源的科学管理、合理配置、高效利用和有效保护。

三是加快抗旱应急备用水源建设。面对严重干旱,水利部门加强了水源调度和技术服务与指导等措施,确保了群众饮水安全、扩大了抗旱浇灌面积,最大限度地减轻了灾害损失。为更好地应对干旱,应抓紧制定抗旱规划,统筹常规水源和抗旱水源建设,特别要加快干旱易发区、粮食主产区以及城镇密集区的抗旱应急备用水源建设,做好地下水涵养和储备,提高应对特大干旱、连续干旱和突发性供水安全事件的能力。同时,要加大再生水、海水等非常规水源的利用。

四是继续推进农村饮水安全工程建设。近年来,国家对农村饮水安全问题高度关注,已累计解决了2.2亿农村居民的饮水安全问题。但我国农村饮水安全工程的覆盖范围还不全,加之现有工程许多是分散供水,工程标准低,以及水源条件变化等原因,农村饮水安全问题仍然很突出。

3. 大兴农田水利建设,保障粮食安全

我国农田水利建设的重点是稳定现有灌溉面积,对灌排设施进行配套改造,提高工程标准,建设旱涝保收农田。同时,大力推进农业高效节水,在有条件的地方结合水源工程建设,扩大灌溉面积。

一是巩固改善现有灌排设施条件。一方面应重点对大中型灌区进行续建配套与节水改

造，恢复和改善灌区骨干渠系的输配水能力，提高灌溉保证率和排涝标准；另一方面应加大田间工程建设力度，对灌区末级渠系进行节水改造，完善田间灌排系统，解决灌区最后一公里的问题，逐步扩大旱涝保收高标准农田的面积。

二是大力推进农业高效节水灌溉。我国农业用水量大、用水粗放，有很大的节水潜力，应把农业节水作为国家战略。农业高效节水灌溉经过多年的试点，技术已相当成熟，应科学编制规划，加大高效节水技术的综合集成和推广，因地制宜地发展管道输水、喷灌和微灌等先进的高效节水灌溉，优先在水资源短缺地区、生态脆弱地区和粮食主产区集中连片实施，提高用水效率和效益。同时，各级政府应加大农业高效节水的投入，建立一整套促进农业高效节水的产业支持、技术服务、财政补贴等政策措施，推动农业高效节水灌溉良性发展。

三是科学合理发展农田灌溉面积。据有关研究成果显示，我国农田有效灌溉面积发展空间有限。应充分考虑水土资源条件，在国家千亿斤粮食产能规划确定的粮食生产核心区和后备产区，结合水源工程建设，因地制宜地发展灌区，科学合理地扩大灌溉面积。同时在西南等山丘区，结合"五小"水利工程建设，发展和改善灌溉面积，提高农业供水保证率。

四是加强牧区水利建设。大力发展畜牧业是保障国家粮食安全的重要补充，建设灌溉草场和高效节水饲草料地是解决过度放牧、保护草原生态的有效措施。据测算，1亩高效节水灌溉饲草料地的产草能力相当于20~50亩天然草原的产草能力。应根据水资源条件，在内蒙古、新疆、青藏高原等牧区发展高效节水灌溉饲草料地，积极推进以灌溉草场建设为主的牧区水利工程建设，提高草场载畜能力，改善农牧民生活生产条件，保护草原生态环境。

4. 推进水土资源保护，保障生态安全

水土资源保护对维持良好的水生态系统具有十分重要的作用。针对我国经济社会发展进程中出现的水生态环境问题，应重点从水土流失综合防治、生态脆弱河湖治理修复、地下水保护等方面，开展水生态保护和治理修复。

一是加强水土流失防治。首先要立足于防，对重要的生态保护区、水源涵养区、江河源头和山洪地质灾害易发区，严格控制开发建设活动。在容易发生水土流失的其他区域开办生产建设项目，要全面落实水土保持"三同时"制度；其次是治理和修复，对已经形成严重水土流失的地区，以小流域为单元进行综合治理，重点开展坡耕地、侵蚀沟综合整治，从源头上控制水土流失。同时，应充分发挥大自然自我修复的能力，在人口密度小、降雨条件适宜、水土流失比较轻微地区，采取封禁保护等措施，促进大范围生态恢复。

二是推进生态脆弱河湖修复。目前我国水资源过度开发、生态脆弱的河湖还较多，在治理中应充分借鉴塔里木河、黑河、石羊河等流域治理经验，以水资源承载能力为约束，防止无序开发水资源和盲目扩大灌溉面积，严格控制新增用水。对开发过度地区，要通过大力发展农业高效节水、调整种植结构、合理压缩灌溉面积等措施，提高用水效率和效益，合理调配水资源，逐步把挤占的生态环境用水退出来。在流域水资源统一调度和管理中，应充分考虑河流生态需求，保障基本生态环境用水。

三是实施地下水超采区治理。地下水补给周期长、更新缓慢，一旦遭受破坏恢复困难，同时地下水也是重要的战略资源和抗旱应急水源，须特别加强涵养和保护。应尽快建立地下水监测网络，动态掌握地下水状况。划定限采区和禁采区范围，严格控制地下水开采，防止超采区的进一步扩大和新增。加大超采区治理力度，特别是对南水北调东中线受水区、地面沉降区、滨海海水入侵区等重点地区，应尽快制订地下水压采计划，通过节约用水和替代水源建设，压减地下水开采量。有条件的地区，应利用雨洪水、再生水等回灌地下水。

四是高度重视水利工程建设对生态环境的影响。今后一个时期，水利建设规模大、类型多，不仅有重点骨干工程，还有面广量大的中小型工程。水利工程建设与生态环境关系密切，在规划编制、项目论证、工程建设以及运行调度等各个环节，都应高度重视对生态环境的保护。在水库建设中，要加强对工程建设方案的比选和优化，尽量减少水库移民和占用耕地，科学制定调度方案，合理配置河道生态基流，最大限度地降低工程对生态环境的不利影响；在河道治理中，应处理好防洪与生态的关系，尽量保持河流的自然形态，注重加强河湖水系的连通，促进水体流动，维护河流健康。

5. 实行以水权为基础的最严格水资源管理制度，保障水资源可持续利用

在全球气候变化和大规模经济开发双重因素的作用下，我国水资源短缺形势更趋严峻，水生态环境压力日益增大。为有效解决水资源过度开发、无序开发、用水浪费、水污染严重等突出问题，必须实行最严格的水资源管理制度，确立水资源开发利用控制、用水效率控制、水功能区限制纳污"三条红线"，改变不合理的水资源开发利用方式，实现从供水管理向需水管理的转变，建设节水型社会，保障水资源可持续利用。

一是建立用水总量控制制度。目前，我国用水总量已近 6000 亿立方米，北方一些地区用水量已经超过了当地水资源承载能力。全国水资源综合规划提出，到 2030 年，我国用水高峰时总量力争控制在 7000 亿立方米以内。这一指标是按照可持续发展的要求，综合考虑了我国的水资源条件和经济社会的发展、生态环境保护的用水需求确定的，是我国用水总量控制的红线。当前，应按照国家水权制度建设的要求，制定江河水量分配方案，将用水总量逐级分配到各个行政区，明晰初始水权。同时，也要发挥市场配置资源的作用，探索建立水市场，促进水权有序流转。

二是建立用水效率控制制度。首先应分地区、分行业制定一整套科学合理的用水定额指标体系。目前，我国许多地区虽然制定了一些用水定额指标，但指标体系还不完整，有的定额过宽、过松，难以起到促进提高用水效率的作用。用水定额应根据当地的水资源条件和经济社会发展水平，按照节能减排的要求，综合研究确定。其次，应加强用水定额管理。把用水户定额执行情况作为节水考核的重要依据，建立奖惩制度。应实行严格的用水器具市场准入制度，逐步淘汰不满足用水定额要求的生活生产设施和工艺技术。同时，充

分发挥价格杠杆作用，实行超定额用水累进加价制度，鼓励用水户通过技术改造等措施节约用水，提高用水效率。

三是建立水功能区限制纳污制度。按照水功能区对水质的要求和水体的自然净化能力，核定该水域的纳污能力。目前，我国一些河湖的入河污染物总量已超出其纳污能力，水污染严重。全国31个省级行政区均已划定了水功能区，初步提出了水域纳污能力和限制排污总量意见。当前要按照规定，履行相关审批程序，明确水功能区限制纳污红线，建立一整套水功能区限制纳污的管理制度，严格监督管理。对于现状入河污染物总量已突破水功能区纳污能力的地区，要特别加强水污染治理，加大力度削减污染物排放量，严格限制审批新增取水和入河排污口。

四是建立水资源管理责任和考核制度。落实最严格的水资源管理制度，关键在于明确责任主体，建立有效的考核评价办法。要把水资源管理责任落实到县级以上地方政府主要负责人，实行严格的问责制。将水资源开发利用、节约保护的主要控制性指标纳入各地经济社会发展综合评价体系，严格考核，考核结果作为地方政府相关领导干部综合考核评价的重要依据。还应重视完善水量水质监测体系，提高监控能力，做到主要控制指标可监测、可评价、可考核，为实施最严格的水资源管理提供技术支撑。

6. 建立水利投入稳定增长机制，保障水利跨越式发展

依法治水是加快水利改革发展的重要保障。我国十分重视水法治建设，颁布实施了四部水法律，国务院也出台了一批水行政法规，构建了我国水法规的基本框架，为依法治水提供了法律依据。但目前节约用水、地下水管理、农田水利、流域综合管理等方面还没有专门的法律法规。应进一步加强水法规建设，不断完善水法规体系。同时，应继续加快水利工程管理体制改革，建立工程良性运行机制；健全基层水利服务体系，适应日益繁重的农村水利建设和管理的需要；积极推进水价改革，建立反映水资源稀缺程度，兼顾社会可承受能力和社会公平的水价形成机制，对农业水价，探索建立政府与农民共同负担农业供水成本的机制；推动水利科技创新，力求在水利重大学科理论、关键技术等方面取得新的突破，提高我国水利科技水平。

我国人多水少、水资源时空分布不均的基本国情水情，在今后相当长的一段时期不会改变，随着经济社会的快速发展和全球气候变化的影响，水安全问题将更加突出。目前水利基础设施建设仍然滞后，不能满足经济社会又好又快发展的需要，是国家基础设施的明显短板。应该把水利发展作为一项重大而紧迫的任务，加大投入、加快建设、深化改革、强化管理，不断增强水旱灾害综合防御能力、水资源合理配置和高效利用能力、水土资源保护和河湖健康保障能力以及水利社会管理和公共服务能力，为经济社会可持续发展提供有力保障。

在稳增长、保民生等多重作用下，水利工程建设进入加速期。从事水资源工程、水电专项工程、水土保持及生态工程、防洪工程的相关企业将获得更多的订单支持。目前中国

城市化率已超过 50%，中国水利工程建设正处于由工业水利工程时代向水资源综合开发时代过渡的阶段，而水资源开发周期通常较长，这意味着未来 5~10 年将是中国水利工程建设的高峰期。

第二章　水利工程质量管理

水利工程和人民群众的生活息息相关，是国民经济最基础产业之一。但是当前的水利工程质量还有很多问题存在，由于质量水平发展不平衡，质量事故经常发生，损害了国家的财产安全、影响水利工程的发展。本章针对水利工程质量问题提出几点解决策略。

第一节　概述

一、概念

建设工程作为一种特殊的产品，除具有一般产品共有的质量特性，如性能、寿命、可靠性、安全性、经济性等满足社会需要的使用价值及其属性外，还具有特定的内涵。

建设工程质量的特性主要表现在以下六个方面：

1. 适用性

适用性即功能，是指工程满足使用目的的各种性能。包括理化性能，如尺寸、规格、保温、隔热、隔音等物理性能，耐酸、耐碱、耐腐蚀、防火、防风化、防尘等化学性能；结构性能，指地基基础牢固程度，结构的足够强度、刚度和稳定性；使用性能，如民用住宅工程要能使居住者安居，工业厂房要能满足生产活动需要，道路、桥梁、铁路、航道要能通达便捷等。建设工程的组成部件、配件、水、暖、电、卫器具、设备也要能满足其使用功能；外观性能，指建筑物的造型、布置、室内装饰效果、色彩等美观大方、协调等。

2. 耐久性

耐久性即寿命，是指工程在规定的条件下，满足规定功能要求使用的年限，也就是工程竣工后的合理使用寿命周期。

3. 安全性

安全性是指工程建成后在使用过程中保证结构安全、保证人身和环境免受危害的程度。建设工程产品的结构安全度、抗震、耐火及防火能力，人民防空的抗辐射、抗核污染、抗爆炸波等能力，是否能达到特定的要求，都是安全性的重要标志。工程交付使用之后，必须保证人身财产、工程整体都有能免遭工程结构破坏及外来危害的伤害。工程组成部件，如阳台栏杆、楼梯扶手、电器产品漏电保护、电梯及各类设备等，也要保证使用者的安全。

4. 可靠性

可靠性是指工程在规定的时间和规定的条件下完成规定功能的能力。工程不仅要求在交工验收时要达到规定的指标，在一定的使用时期内要保持应有的正常功能。如工程上的防洪与抗震能力、防水隔热、恒温恒湿措施、工业生产用的管道防"跑、冒、滴、漏"等，都属可靠性的质量范畴。

5. 经济性

经济性是指工程从规划、勘察、设计、施工到整个产品使用寿命周期内的成本和消耗的费用。工程经济性具体表现为设计成本、施工成本、使用成本三者之和。包括从征地、拆迁、勘察、设计、采购（材料、设备）、施工、配套设施等建设全过程的总投资和工程使用阶段的能耗、水耗、维护、保养乃至改建更新的使用维修费用。

6. 与环境的协调性

与环境的协调性是指工程与其周围生态环境协调，与所在地区经济环境协调以及与周围已建工程相协调，以适应可持续发展的要求。

上述六个方面的质量特性彼此之间是相互依存的。总体而言，适用、耐久、安全、可靠、经济与适应性，都是必须达到的基本要求，缺一不可。

近年来，我国政府相继发布了关于水利工程方面的文件，文件都指出要加快加强我国水利工程建设，完善水利体系，加大对水利工程的投资力度，建立政府水利投资稳定增长机制、发挥政府投资主渠道作用，以及采取多渠道融资，充分发挥银行以及社会各界对水利的投资，保障水利建设资金来源。

二、影响工程质量的因素

在工程建设中，施工阶段影响工程质量的因素主要有人、材料、施工方案、施工机械和环境五大方面。因此，事前对这五方面的因素严格予以控制，是保证建设项目工程质量的关键。

（一）人的控制

人是直接参与工程建设的决策者、组织者、指挥者和操作者。以人作为控制的对象，是为了避免产生失误。控制的动力，是充分调动人的积极性，发挥"人的因素第一"的主导作用。为了避免人的失误，调动人的主观能动性，增强人的责任感和质量观，达到以工作质量保工序质量、促工程质量的目的，除加强政治思想教育、劳动纪律教育、职业道德教育，加强专业技术知识培训，健全岗位责任制，改善劳动条件，公平合理地激励之外，还需根据工程项目的特点，从确保质量出发，本着适才适用、扬长避短的原则来控制人的使用。

在工程监理质量控制中，应从以下几方面来考虑人对质量的影响。

1. 领导者的素质

在对施工承包单位进行资质认证和优选时，一定要考核领导层的素质，因领导层的整体素质高，必然决策能力强，组织机构健全，管理制度完善，经营作风正派，技术措施得力，社会信誉高，实践经验丰富，善于协作配合。这样，就有利于合同执行，有利于确保质量、进度、投资三大目标的控制。事实证明，领导层整体素质的提升是提高工作质量和工程质量的关键。所以，在FIDIC（国际咨询工程师联合会）合同条款中明文规定：对项目经理、总工程师，以及计划、财务、质量、主体工程、装饰、试验、机械等的主要管理人员的个人经历及能力均要进行考查。监理工程师有权随时检查承包人员的情况，有权建议撤销承包方的任何施工人员，有权建议业主解除合同、驱逐承包商等。这些均有利于加强对承包方人员的控制，促使承包方领导层提高领导素质和管理水平。

2. 人的理论、技术水平

人的理论、技术水平直接影响工程质量水平。尤其是对技术复杂、难度大、精度高、工艺新的建筑结构或建筑安装的工序操作，均应选择既有丰富理论知识，又有丰富实践经验的工程技术人员承担。必要时，还应对他们的技术水平予以考察，进行资质认证。

3. 生理的缺陷

根据工程施工的特点和环境，应严格控制人的生理缺陷。如有高血压、心脏病的人，不能从事高空作业和水下作业；反应迟钝、应变能力差的人，不能操作快速运行、动作复杂的机械设备；视力、听力差的人，不宜参与校正、测量或信号、旗语指挥的作业等。否则，将影响工程质量，引起安全事故，发生质量事故。

4. 人的心理行为

人由于要受社会、经济、环境条件和人际关系的影响，要受组织纪律、法律、规章和管理制度的制约，要受劳动分工、生活福利和工资报酬的支配，因此人的劳动态度、注意力、情绪、责任心等在不同地点、不同时期都会有所变化。如个人某种需要未得到满足，或受到批评处分，带着怨气的不稳定情绪工作，或上下级关系紧张，产生疑虑、畏惧、抑郁的心理，注意力发生转移，就极易诱发质量、安全事故。所以，对某些需确保质量、万无一失的关键工序和操作，一定要分析人的心理变化，控制人的思想活动，稳定人的情绪。

5. 人的错误行为

人的错误行为，是指在工作场地或工作中吸烟，打赌、错视、错听、误判断、误动作等，这些都会影响质量或造成安全事故。所以，应采取措施，预防发生质量和安全事故。

6. 人的违纪违章

对人的违纪违章，必须严加教育、及时制止。

此外，应严格禁止无技术资质的人员上岗操作。总之，在使用人的问题上，应从思想素质、业务素质和身体素质等方面综合考虑，全面控制。

（二）材料质量控制

1. 材料质量控制的要点

（1）订货前的控制。

1）掌握材料质量、价格、供货能力的信息，选择好的供货厂家，就可获得质量好、价格低的材料资源，可确保工程质量，降低工程造价。为此，对主要材料、设备及构配件，在订货前必须要求承包单位申报，经监理工程师论证同意后，方可订货。

2）对主要装饰材料及建筑配件，应在订货前要求厂家提供样品或看样订货。主要设备订货时，要审核设备清单，看其是否符合设计要求。

3）监理工程师协助承包单位合理、科学地组织材料采购、加工、储备、运输，建立严密的计划、调度、管理体系，加快材料的周转，减少材料的占用量，按质、按量、如期地满足建设要求。

（2）订货后的控制。

1）对永久工程的主要材料，进场时必须具备正式的出厂合格证和材质化验单。如不具备或对检验证明有怀疑，则应补做检验。

2）工程中所有构件必须具有厂家批号和出厂合格证。预制钢筋混凝土或预应力钢筋混凝土构件，应按规定的方法进行抽样检验。运输、安装等原因引起的构件质量问题，应分析研究，经鉴定处理后方能使用。

3）凡标志不清或认为质量有问题的材料、对质量保证资料有怀疑或与合同规定不符的一般材料、由工程重要程度决定应进行一定比例试验的材料、需要进行追踪检验以控制和保证其质量的材料等，均应进行抽检。对于进口的材料设备和重要工程或关键施工部位所用的材料，则应全部进行检验。

4）材料质量抽样和检验的方法，要能反映该批材料的质量性能。对于重要构件或非匀质的材料，还应酌情增加抽样的数量。

5）对进口材料、设备，应会同商检局检验，如核对凭证时发现问题，应取得供方和商检人员签署的商务记录，按期提出索赔。

6）对高压电缆、电压绝缘材料，要进行耐压试验。

（3）现场配置材料的控制。

在现场配置的材料，如混凝土、砂浆、防水材料、防腐材料、保温材料等的配合比应先提出试配要求，经试验检验合格后才能使用。

（4）现场使用材料的控制。

1）对材料性能、质量标准、适用范围和施工要求必须充分了解，以便慎重选择和使用材料。

2）合理地组织材料使用，减少材料的损失，正确按定额计量使用材料，加强运输、仓库、保管工作，加强材料限额管理和发放工作，健全现场管理制度，避免材料损失、变质，确保材料质量。

3）凡用于重要结构、部位的材料，使用时必须仔细核对，检查材料的品种、规格、型号、性能有无错误，是否适合工程特点和满足设计要求。

4）新材料应用前，必须通过试验和鉴定。代用材料必须通过计算和充分的论证，并要符合结构的要求。

5）要针对工程特点，根据材料的性能、质量标准、适用范围和对施工要求等方面进行综合考虑，慎重选择和使用材料。

2. 材料质量控制的内容

（1）掌握材料质量标准。

材料质量标准是用以衡量材料质量的尺度，也是验收、检验材料质量的依据。不同的材料有不同的质量标准，如水泥的质量标准有细度、标准稠度用水量、凝结时间、强度、体积安定性等。掌握材料的质量标准，就便于可靠地控制材料和工程的质量。

（2）材料质量的检验。

1）材料质量检验的目的

材料质量检验的目的，是通过一系列的检测手段，将所取得的材料数据与材料的质量标准相比较，借以判断材料质量的可靠性，决定其能否使用于工程中，同时还有利于掌握材料信息。

2）材料质量的检验方法

材料质量检验方法有书面检验法、外观检验法、理化检验法和无损检验法等四种：

①书面检验法是通过对提供的材料质量保证资料、试验报告等进行审核，取得认可方能使用的方法。

②外观检验法是对材料从品种、规格、标志、外形尺寸等方面进行直观检查，看其有无质量问题的方法。

③理化检验法是借助试验设备和仪器对材料样品的化学成分、机械性能等进行科学的鉴定的方法。

④无损检验法是在不破坏材料样品的前提下，利用 X 射线、超声波、表面探伤仪等进行检测的方法。

（3）材料质量检验程度。

根据材料信息和保证资料的具体情况，其质量检验程度分为免检、抽检和全部检验三种：

1）免检：免去质量检验过程。对有足够质量保证的一般材料，以及实践证明质量长期稳定，且质量保证资料齐全的材料，可予以免检。

2）抽检：按随机抽样的方法对材料进行抽样检验。对材料的性能不清楚，或对质量保证资料有怀疑，或对成批生产的构配件，均应按一定比例进行抽样检验。

3）全部检验：凡进口的材料、设备和重要工程部位的材料，以及贵重的材料，应进行全部检验，以确保材料和工程质量。

（4）材料质量检验项目。

材料质量的检验项目分为一般试验项目和其他试验项目。一般试验项目为通常进行的试验项目；其他试验项目为根据需要进行的试验项目。如水泥一般要进行凝结时间、抗压和抗折强度检验。若是小厂生产的水泥，往往由于安定性不好，还应进行安定性检验。

（5）材料质量检验的取样。

材料质量检验的取样必须有代表性，即所采取样品的质量应能代表该批材料的质量。在采样时必须按照规定的部位、数量及采选的操作要求进行。

（三）施工方案控制

施工方案正确与否，是直接影响工程项目的进度、质量、投资三大目标能否顺利实现的关键。往往由于施工方案考虑不周而拖延进度、影响质量、增加投资。为此，监理工程师在审核施工方案时必须结合工程实际，从技术、组织、管理、工艺、操作、经济等方面进行全面分析、综合考虑，力求方案技术可行、经济合理、工艺先进、措施得力、操作方便，有利于提高质量、加快进度、降低成本。

（四）施工机械设备控制

从保证项目施工质量角度出发，监理工程师应从机械设备的选型、机械设备的主要性能参数和机械设备的使用操作要求等三方面予以控制。在项目施工阶段，监理工程师必须综合考虑施工现场条件、建筑结构形式、机械设备性能、施工工艺和方法、施工组织管理、建筑技术经济等各种因素，审核承包单位机械化施工方案。

1.机械设备的选型

机械设备的选型，应按照技术上先进、经济上合理、生活上适用、性能上可靠、使用上安全、操作上方便和维修上方便等原则，贯彻执行机械化、半机械化与改良工具相结合的方针，突出机械与施工相结合的特色，使其具有工程的适用性，具有保证工程质量的可靠性，具有适用操作的方便性和安全性。

2.机械设备的主要性能参数

机械设备的主要性能参数是选择机械设备的依据，要能满足施工需要和保证质量的要求。

3.机械设备的适用、操作要求

对合理适用的机械设备正确地进行操作，是保证项目施工质量的重要环节，应贯彻"人机固定"的原则，实行定机、定人、定岗位责任的"三定"制度。操作人员必须认真执行各项规章制度，严格遵守操作规程，防止出现安全、质量事故。

（五）环境因素控制

影响项目质量的施工环境因素较多，主要有技术环境、施工管理环境及自然环境。技术环境因素包括施工所用的规程、规范、设计图纸及质量评定标准。施工管理环境因素包括质量保证体系、三检制、质量管理制度、质量签证制度、质量奖惩制度等。自然环境因素包括工程地质、水文、气象、温度等。

上述环境因素对施工质量的影响具有复杂而多变的特点，尤其是在某些环境下更是如此。如气象条件就是千变万化的，温度、大风、暴雨、酷暑、严寒等均影响到施工质量。为此，监理工程师要根据工程特点和具体条件，采取有效措施，严格控制影响质量的环境因素，确保工程项目质量。

第二节　质量控制体系

一、质量控制责任体系

1. 建设单位的质量责任

建设单位要根据工程特点和技术要求，按有关规定选择相应资质等级的勘察、设计单位和施工单位，在合同中必须有质量条款，明确质量责任，并真实、准确、齐全地提供与建设工程有关的原始资料。凡建设工程项目的勘察、设计、施工、监理以及与工程建设有关重要设备材料的采购，均实行招标，依法确定程序和方法，择优选定中标者。不得将应由一个承包单位完成的建设工程项目肢解成若干部分发包给几个承包单位；不得迫使承包方以低于成本的价格竞标；不得任意压缩合理工期；不得明示或暗示设计单位或施工单位违反建设强制性标准，降低建设工程质量。建设单位应对其自行选择的设计、施工单位发生的质量问题承担相应责任。

建设单位应根据工程特点，配备相应的质量管理人员。对国家规定强制实行监理的工程项目，必须委托有相应资质等级的工程监理单位进行监理。建设单位应与监理单位签订监理合同，明确双方的责任和义务。

建设单位在工程开工前，负责办理有关施工图设计文件审查、工程施工许可证和工程质量监督手续，组织设计和施工单位认真进行检查，涉及建筑主体和承重结构变动的装修工程，建设单位应在施工前委托原设计单位或者相应资质等级的设计单位提出设计方案，经原审查机构审批后方可施工。工程项目竣工后，及时组织设计、施工、工程监理等有关单位进行施工验收，未经验收备案或验收备案不合格的，不得交付使用。

建设单位按合同约定负责采购供应的建筑材料、建筑构配件和设备，应符合设计文件和合同要求，对发生的质量问题，应承担相应的责任。

2. 勘察、设计单位的质量责任

勘察、设计单位必须在资质等级许可的范围内承揽相应的勘察、设计任务，不允许承揽超越其资质等级许可范围以外的任务，不得将承揽工程转包或违法分包，也不得以任何形式用其他单位的名义承揽业务或允许其他单位或个人以本单位的名义承揽业务。

勘察、设计单位必须按照国家现行的有关规定、工程建设强制性技术标准和合同要求进行勘察、设计工作，并对所编制的勘察设计文件的质量负责。勘察单位提供的地质、测量、水文等勘察成果文件必须准确。设计单位提供的设计文件应当符合国家规定的设计深度要求，注明工程合理使用年限。设计文件中选用的材料、构配件和设备，应当注明规格、型号、性能等技术生产线，不得指定生产厂、供应商。设计单位应就审查合格的施工图文件向施工单位做出详细说明，解决施工中对设计提出的问题，负责设计变更，参与工程质量事故分析，对设计造成的质量事故，提出相应的处理方案。

3. 施工单位的质量责任

施工单位必须在其资质等级许可的范围内承揽相应的施工任务，不允许承揽超越其资质等级业务范围以外的任务，不得将承接的工程转包或违法分包，也不得以任何形式用其他施工单位的名义承揽工程或允许其他单位、个人以本单位的名义承揽工程。

施工单位对所承包的工程项目的质量负责。应当建立健全质量管理体系，落实质量责任制，确定工程项目的项目经理。技术、施工、设备采购的一项或多项实行总承包的，总承包单位应对其承包的建设工程或采购的设备的质量负责；实行总分包的工程，分包应按照分包合同约定其分包工程的质量向总承包单位负责，总承包单位与分包单位对分包工程的质量承担连带责任。

施工单位必须按照工程设计图纸和施工技术规范标准组织施工。未经设计单位同意，不得擅自修改工程设计。在施工中，必须按照工程设计要求、施工技术规范标准和合同约定，对建筑材料、构配件、设备和商品混凝土进行检验，不得偷工减料，不使用不符合设计和强制性技术标准要求的产品，不使用未经检验和试验或检验与试验不合格的产品。

4. 工程监理单位的质量责任

工程监理单位应按其资质等级许可的范围承揽工程监理业务，不允许承揽超越本单位资质等级许可的范围以外的业务或以其他工程监理单位的名义承揽工程监理业务，不得转让工程监理业务，不允许其他单位或个人以本单位的名义承揽工程监理业务。

工程监理单位应依照法律、法规以及有关技术标准、设计文件和建设工程承包合同，与建设单位签订监理合同，代表建设单位对工程质量实施监理，并对工程质量承担监理责任。监理责任主要有违法责任和违约责任两个方面。如工程监理单位故意弄虚作假，降低工程质量标准，造成质量事故，要承担法律责任。若工程监理单位与承包单位串通，牟取非法利益，给建设单位造成损失的，应当与承包单位承担连带赔偿责任。如果监理单位在责任期内，不按照监理合同约定履行监理职责，给建设单位或其他单位造成损失的，属违约责任，应当向建设单位赔偿。

5. 建筑材料、构配件及设备生产或供应单位的质量责任

建筑材料、构配件及设备生产或供应单位对其生产或供应的产品质量负责。生产商或供应商必须具备相应的生产条件、技术装备和质量管理体系，所生产或供应的建筑材料、构配件及设备的质量应符合国家和行业现行的技术规定的合格标准与设计要求，并与说明书和包装上的质量标准相符，应有相应的产品检验合格证、设备有详细的使用说明等。

二、建筑工程质量政府监督管理的职能

1. 建立和完善工程质量管理法规

工程质量管理法规包括行政性法规和工程技术规范标准。

2. 建立和落实工程质量责任制

工程质量责任制包括工程质量行政领导的责任、项目法定代表人的责任、参建单位法定代表人的责任和质量终生负责制等。

3. 建设活动主体资格的管理

建设行政部门及有关专业部门按照各自分工，负责对各类资质标准的审查、从业单位的资质等级的最后认定、专业技术人员资格等级和从业范围等实施动态管理。

4. 工程承发包管理

工程承发包管理包括规定工程招标承发包的范围、类型、条件，对招标承发包活动的依法监督和工程合同管理。

5. 控制工程建设程序

工程建设程序包括工程报建、施工图设计文件的审查、工程施工许可、工程材料和设备准用、工程质量监督、施工验收备案管理等。

第三节 全面质量管理

一、概念

全面质量管理，是以组织全员参与为基础的质量管理形式。全面质量管理代表了质量管理发展的最新阶段，起源于美国，后来在其他一些工业发达国家开始推行，并且在实践运用中各有所长。

首先，这里的"全面"一词是相对于统计质量控制中的"统计"而言。也就是说要生产出满足顾客要求的产品，提供顾客满意的服务，单靠统计方法控制生产过程是很不够的，必须综合运用各种管理方法和手段，充分发挥组织中的每一个成员的作用，更全面地去解

决质量问题。其次，"全面"还相对于制造过程而言。产品质量有个产生、形成和实现的过程，这一过程包括市场研究、研制、设计、制订标准、制订工艺、采购、配备设备与工装、加工制造、工序制造、检验、销售、售后服务等多个环节，它们相互制约、共同作用的结果决定了最终的质量水准。仅仅局限于只对制造过程实行控制是远远不够的。再次，质量应当是"最经济的水平"与"充分满足顾客要求"的完美统一，离开经济效益和质量成本去谈质量是没有实际意义的。

二、全面质量管理 PDCA 循环

PDCA 循环又称戴明环，是美国质量管理专家戴明博士首先提出的，它反映了质量管理活动的规律。质量管理活动的全部过程，是质量计划的制订和组织实现的过程，这个过程就是按照 PDCA 循环，不停顿地周而复始地运转的。每一循环都围绕着实现预期的目标，进行计划、实施、检查和处置活动，随着对存在问题的克服、解决和改进，不断增强质量能力，提高质量水平。

PDCA 循环主要包括四个阶段：计划（Plan）、实施（DO）、检查（Check）和处置（Action）。

1. 计划

质量管理的计划职能，包括确定或明确质量目标和制订实现质量目标的行动方案两个方面。建设工程项目的质量计划，一般由项目联系人根据其在项目实施中所承担的任务、责任范围和质量目标，分别进行质量计划而形成的质量计划体系。实践表明：质量计划的严谨周密、经济合理和切实可行，是保证工作质量、产品质量和服务质量的前提条件。

2. 实施

实施职能在于将质量的目标值，通过生产要素的投入、作业技术活动和产出过程，转换为质量的实际值。在各项质量活动实施前，根据质量计划进行行动方案的部署和交底；在实施过程中，严格执行计划的行动方案，将质量计划的各项规定和安排落实到具体的资源配置和作业技术活动中去。

3. 检查

指对计划实施过程进行各种检查，包括作业者的自检、互检和专职管理者专检。

4. 处置

对于质量检查所发现的质量问题或质量不合格，及时进行原因分析，采取必要的措施，予以纠正，保持工程质量形成过程的受控状态。

三、全面质量管理要求

1. 全过程的质量管理

任何产品或服务的质量，都有一个产生、形成和实现的过程。从全过程的角度来看，质量产生、形成和实现的整个过程是由多个相互联系、相互影响的环节所组成的，每一个环节都或轻或重地影响着最终的质量状况。为了保证和提高质量就必须把影响质量的所有环节和因素都控制起来。因此，全过程的质量管理包括了从市场调研、产品的设计开发、生产（作业），到销售、服务等全部有关过程的质量管理。换句话说，要保证产品或服务的质量，不仅要搞好生产或作业过程的质量管理，还要搞好设计过程和使用过程的质量管理。要把质量形成全过程的各个环节或有关因素控制起来，形成一个综合性的质量管理体系，做到以预防为主，防检结合，重在提高。为此，全面质量管理强调必须体现如下两个思想：

（1）预防为主、不断改进的思想。优良的产品质量是设计和生产制造出来的，而不是靠事后的检验决定的。事后的检验面对的是已经既成事实的产品质量。根据这一基本道理，全面质量管理要求把管理工作的重点从"事后把关"转移到"事前预防"上来。从管结果转变为管因素，实行"预防为主"的方针，把不合格消灭在它的形成过程之中，做到"防患于未然"。当然，为了保证产品质量，防止不合格品出厂或流入下道工序，并及时反馈发现的问题，防止再出现、再发生，加强质量检验在任何情况下都是必不可少的。强调预防为主、不断改进的思想，不仅不排斥质量检验，甚至要求其更加完善、更加科学。质量检验是全面质量管理的重要组成部分，企业内行之有效的质量检验制度必须坚持，并且要进一步使之科学化、完善化、规范化。

（2）为顾客服务的思想。顾客有内部和外部之分，外部的顾客可以是最终的顾客，也可以是产品的经销商或再加工者；内部的顾客是企业的部门和人员。实行全过程的质量管理要求企业所有各个工作环节都必须树立为顾客服务的思想。内部顾客满意是外部顾客满意的基础。因此，在企业内部要树立"下道工序是顾客""努力为下道工序服务"的思想。现代工业生产是一环扣一环，前道工序的质量会影响后道工序的质量，一道工序出现了质量问题，就会影响整个过程以至产品质量。因此，要求每道工序的工序质量，都要经得起下道工序，即"顾客"的检验，满足下道工序的要求。有些企业开展的"三工序"活动即复查上道工序的质量、保证本道工序的质量、坚持优质、准时为下道工序服务，是为顾客服务思想的具体体现。只有每道工序在质量上都坚持高标准，都为下道工序着想，为下道工序提供最大的便利，企业才能目标一致地、协调地生产出符合规定要求、满足用户期望的产品。

可见，全过程的质量管理就意味着全面质量管理要"始于识别顾客的需要，终于满足顾客的需要"。

2. 全员的质量管理

产品和服务质量是企业各方面、各部门、各环节工作质量的综合反映。企业中任何一个环节，任何一个人的工作质量都会不同程度地直接或间接地影响着产品质量或服务质量。因此，产品质量人人有责，人人关心的产品质量和服务质量，人人做好本职工作，全体参加质量管理，才能生产出顾客满意的产品。要实现全员的质量管理，应当做好三个方面的工作：

（1）必须抓好全员的质量教训和培训。教育和培训的目的有两个方面：第一，加强职工的质量意识，牢固树立"质量第一"的思想；第二，提高员工的技术能力和管理能力，增强参与意识。在教育和培训过程中，要分析不同层次员工的需求，有针对性地开展教育和培训。

（2）要制定各部门、各级各类人员的质量责任制，明确任务和职权，各司其职，密切配合，形成一个高效、协调、严密的质量管理工作的系统。这就要求企业的管理者要勇于授权、敢于放权。授权是现代质量管理的基本要求之一。原因在于：第一，顾客和其他相关方能否满意、企业能否对市场变化做出迅速反应决定了企业能否生存。而提高反应速度的重要和有效的方式就是授权。第二，企业的职工有强烈的参与意识，同时也有很高的聪明才智，赋予他们权利和相应的责任，也能够激发他们的积极性和创造性。第三，在明确职权和职责的同时，还应该要求各部门和相关人员对于质量做出相应的承诺。当然，为了激发他们的积极性和责任心，企业应该将质量责任同奖惩机制挂起钩来。只有这样，才能够确保责、权、利三者的统一。

（3）要开展多种形式的群众性质量管理活动，充分发挥广大职工的聪明才智和当家做主的进取精神。群众性质量管理活动的重要形式之一是质量管理小组。除了质量管理小组之外，还有很多群众性质量管理活动，如合理化建议制度和质量相关的劳动竞赛等。总之，企业应该发挥创造性，采取多种形式激发全员参与的积极性。

3. 全企业的质量管理

全企业的质量管理可以从纵横两个方面来加以理解。从纵向的组织管理角度来看，质量目标的实现有赖于企业的上层、中层、基层管理乃至一线员工的通力协作，其中尤以高层管理能否全力以赴起着决定性的作用。从企业职能间的横向配合来看，要保证和提高产品质量必须使企业研制、维持和改进质量的所有活动构成一个有效的整体。全企业的质量管理可以从两个角度来理解：

（1）从组织管理的角度来看，每个企业都可以划分成上层管理、中层管理和基层管理。"全企业的质量管理"就是要求企业各管理层次都有明确的质量管理活动内容。当然，各层次活动的侧重点不同：上层管理侧重于质量决策，制订出企业的质量方针、质量目标、质量政策和质量计划，并统一组织、协调企业各部门、各环节、各类人员的质量管理活动，保证实现企业经营管理的最终目的；中层管理则要贯彻落实领导层的质量决策，运用一定的方法找到各部门的关键、薄弱环节或必须解决的重要事项，确定出本部门的目标和对策，更好地执行各自的质量职能，并对基层工作进行具体的业务管理；基层管理则要求每个职工都要严格地按标准、按规范进行生产，相互间进行分工合作，互相支持协助，并结合岗位工作，开展群众合理化建议和质量管理小组活动，不断进行作业改善。

（2）从质量职能角度看，产品质量职能是分散在全企业的有关部门中的，要保证和提高产品质量，必须将分散在企业各部门的质量职能充分发挥出来。但由于各部门的职责和作用不同，其质量管理的内容也是不一样的。为了有效地进行全面质量管理，就必须加强各部门之间的组织协调，并且为了从组织上、制度上保证企业长期稳定地生产出符合规定要求、满足顾客期望的产品，最终必须建立起企业的质量管理体系，使企业的所有研制、维持和改进质量的活动构成一个有效的整体。建立和健全全企业质量管理体系，是全面质量管理深化发展的重要标志。

可见，全企业的质量管理就是要"以质量为中心，领导重视、组织落实、体系完善"。

4. 多方法的质量管理

影响产品质量和服务质量的因素也越来越复杂：既有物质的因素，又有人的因素；既有技术的因素，又有管理的因素；既有企业内部的因素，又有随着现代科学技术的发展，对产品质量和服务质量提出了越来越高要求的企业外部的因素。要把这一系列的因素系统地控制起来、全面管好，就必须根据不同情况区别不同的影响因素，广泛、灵活地运用多种多样的现代化管理办法来解决当代质量问题。

目前，质量管理中广泛使用各种方法，其中，统计方法是重要的组成部分。除此之外，还有很多非统计方法。常用的质量管理方法有所谓的老七种工具，具体包括：因果图、排列图、直方图、控制图、散布图、分层图、调查表；还有新七种工具，具体包括：关联图法、KJ法、系统图法、矩阵图法、矩阵数据分析法、PDPC法、矢线图法。除了以上方法外，还有很多方法，尤其是一些新方法近年来得到了广泛的关注，具体包括质量功能展开（QFD）、故障模式和影响分析（FMEA）、头脑风暴法（Brain storming）、水平对比法（Benchmarking）、业务流程再造（BPR）等。

总之，为了实现质量目标，必须综合应用各种先进的管理方法和技术手段，善于学习和引进国内外先进企业的经验，不断改进本组织的业务流程和工作方法，不断提高组织成员的质量意识和质量技能。"多方法的质量管理"要求的是"程序科学、方法灵活、实事求是、讲求实效"。

第四节 质量控制方法

一、质量控制的方法

1. 审核有关技术文件、报告或报表

对技术文件、报告、报表的审核，是项目经理对工程质量进行全面控制的重要手段，具体内容有：

（1）审核分包单位的有关技术资质证明文件，控制分包单位的质量。

（2）审核开工报告，并经现场核实。

（3）审核施工方案、质量计划、施工组织设计或施工计划，控制工程施工质量有可靠的技术措施保障。

（4）审核有关材料、半成品和构配件质量证明文件（如出场合格证、质量检验或试验报告等），确保工程质量有可靠的物质基础。

（5）审核反映工序质量动态的统计资料或控制图表。

（6）审核设计变更、修改图纸和技术核定书等，确保设计及施工图纸的质量。

（7）审核有关质量事故或质量问题的处理报告，确保质量事故或问题处理的质量。

（8）审核有关新材料、新工艺、新技术、新结构的技术鉴定书，确保新技术应用的质量。

（9）审核有关工序交接检查，分部分项工程质量检查报告等文件，以确保和控制施工过程中的质量。

（10）审核并签署现场有关技术签证、文件等。

2. 现场质量检查

现场质量检查的内容：

（1）开工前检查。目的是检查是否具备开工条件，开工后能否连续正常施工，能否保证工程质量。

（2）工序交接检查。对于重要的工序或对质量有重大影响的工序，在自检、互检的基础上，还要组织专职人员进行工序交接检查。

（3）隐蔽工程检查。凡是隐蔽工程均应检查认证后方能掩盖。

（4）停工后复工前的检查。因处理质量问题或某种原因停工后需复工时，经检查认可后方能复工。

（5）分项、分部工程完工后，经检查认可，签署验收记录后方可进行下一工程项目施工。

（6）成品保护检查。检查成品有无保护措施，或保护措施是否可靠。

此外，还应经常深入现场，对施工操作质量进行巡检，必要时还应进行跟班或追踪检查。

二、施工质量控制的手段

1.施工质量的事前控制

事前控制是以施工准备工作为核心，包括开工前的施工准备、作业活动前的施工准备等工作质量控制。施工质量的事前预控途径如下：

（1）施工条件的调查和分析。包括合同条件、法规条件和现场条件，做好施工条件的调查和分析，发挥其重要的预控作用。

（2）施工图纸会审和设计交底。理解设计意图和对施工的要求，明确质量控制要点、重点和难点，以及消除施工图纸的差错等。因此，严格进行设计交底和图纸会审，具有重要的事前预控作用。

（3）施工组织设计文件的编制与审查。施工组织设计文件是直接指导现场施工作业技术活动和管理工作的纲领性文件。工程项目施工组织设计是以施工技术方案为核心，通盘考虑施工程序。施工质量、进度、成本和安全目标的要求科学合理的施工组织设计，对有效地配置合格的施工生产要素、规范施工技术活动和管理行为起到重要的导向作用。

（4）工程测量定位和标高基准点的控制。施工单位必须按照设计文件所确定的工程测量定位及标高的引测依据，建立工程测量基准点，做好技术复核，并报告项目监理机构进行复核检查。

（5）施工总（分）包单位的选择和资质的审查。对总（分）包单位资格与能力的控制是保证工程施工质量的重要方面。确定承包内容、单位及方式既直接关系到业主方的利益和风险，更关系到建设工程质量的保证问题。因此，按照我国现行法规的规定，业主在招标投标前必须对总（分）包单位进行资格审查。

（6）材料设备及部品采购质量的控制。建筑材料、构配件、半成品和设备是直接构成工程实体的物质，应该从施工备料开始进行控制，包括对供应厂商的评审、询价、采购计划与方式的控制等。施工单位必须有健全有效的采购控制程序，按照我国现行法规规定，主要材料采购前必须将采购计划报送工程监理部审查，实施采购质量预控。

（7）施工机械设备及工器具的配置与性能控制，对施工质量、安全、进度和成本有重要的影响，应在施工组织设计过程中根据施工方案的要求来确定，施工组织设计批准之后应对其落实状态进行检查控制，以保证技术预案的质量能力。

2.施工质量的事中控制

建设项目施工过程质量控制是最基本的控制途径，因此必须抓好与作业工序质量形成相关的配套技术与管理工作，其主要途径有：

（1）施工技术复核。施工技术复核是施工过程中保证各项技术基准正确性的重要措施，凡属轴线、标高、配方、样板、加工图等用作施工依据的技术工作，都要进行严格复核。

（2）施工计量管理。包括投料计量、检测计量等，其正确性与可靠性直接关系到工程质量的形成和客观效果的评价。因此，施工全过程必须对计量人员资格、计量程序和计量器具的准确性进行控制。

（3）见证取样送检。为保证工程质量，我国规定对工程使用的主要材料、半成品、构配件以及施工过程中留置的试块及试件等实行现场见证取样送检。见证员由建设单位及工程监理机构中有相关专业知识的人员担任，送检的试验室应具备国家或地方工程检测主管部门批准的相关资质，见证取样送检必须严格执行规定的程序：包括取样见证并记录样本编号、填单、封箱，送试验室核对、交接、试验检测、报告。

（4）技术核定和设计变更在工程项目施工过程中，因施工方对图纸的某些要求不甚明白，或者是图纸内部的某些矛盾，或施工配料调整与代用、改变建筑节点构造、管线位置或走向等，需要通过设计单位明确或确认的，施工方必须以技术联系单的方式向业主或监理工程师提出，报送设计单位核准确认。在施工期间，无论是建设单位、设计单位还是施工单位提出，需要进行局部设计变更的内容，必须按规定程序用书面方式进行变更。

（5）隐蔽工程验收。所谓隐蔽工程，是指上一道工序的施工成果要被下一道工序所覆盖，如地基与基础工程、钢筋工程、预埋管线等均属隐蔽工程。施工过程中，总监理工程师应安排监理人员对施工过程进行巡视和检查，对隐蔽工程、下道工序施工完成后难以检查的重点部位，专业监理工程师应安排监理员进行旁站，对施工过程中出现的质量缺陷，专业监理工程师应及时下达监理工程师通知，要求承包单位整改并检查整改结果。工程项目的重点部位、关键工序应由项目监理机构与承包单位协商后共同确认。监理工程师应从巡视、检查、旁站监督等方面对工序工程质量进行严格控制。加强隐蔽工程质量验收，是施工质量控制的重要环节。其程序要求施工方首先完成自检并合格，然后填写专用的"隐蔽工程验收单"，验收的内容应与已完成的隐蔽工程实物相一致，事先通知监理机构及有关方面，按约定时间进行验收。验收合格的工程由各方共同签署验收记录。验收不合格品的隐蔽工程，应按验收意见进行整改后重新验收，应严格隐蔽工程验收的程序和记录，对于预防工程质量隐患，提供可行的质量记录具有重要作用。

（6）其他。长期施工管理实践过程形成的质量控制途径和方法，如批量施工前应做样板示范、现场施工技术质量例会、质量控制资料管理等，也是施工过程质量控制的重要工作途径。

3.施工质量的事后控制

施工质量的事后控制，主要是进行已完工程的成品保护、质量验收和对不合格品的处理，保证最终验收的建设工程质量。

（1）进行已完工程的成品保护，目的是避免已完施工成品受到来自后续施工以及其他方面的污染或损坏。其成品保护问题和措施，在施工组织设计与计划阶段就应该从施工顺序上进行考虑，防止施工顺序不当或交叉作业造成相互干扰、污染和损坏，成品形成后可采取防护、覆盖、封闭、包裹等相应措施进行保护。

（2）施工质量检查验收作为事后质量控制的途径，应严格按照施工质量验收统一标准规定的质量验收划分，从施工顺序作业开始，依次做好检验批、分项工程、分部工程及单位工程的施工质量验收。通过多层次的设防把关，严格验收，控制建设工程项目的质量目标。

第五节　工程质量评定

一、工程质量评定标准

1. 合格标准

（1）单位工程质量全部合格。

（2）工程施工期及试运行期，各单位工程观测资料分析结果均符合国家和行业技术标准以及合同约定的标准要求。

2. 优良标准

（1）单位工程质量全部合格，其中 70% 以上单位工程质量达到优良等级，且主要单位工程质量全部优良。

（2）工程施工期及试运行期，各单位工程观测资料分析结果符合国家和行业技术标准以及合同约定的标准要求。

二、工程项目施工质量评定表的填写方法

1. 表头填写

（1）工程项目名称：工程项目名称应与批准的设计文件一致。

（2）工程等级：应根据工程项目的规模、作用、类型和重要性等，按照有关规定进行划分，设计文件中一般予以明确。

（3）建设地点：主要是指工程建设项目所在行政区域或流域（河流）的名称。

（4）主要工程量：是指建筑、安装工程的主要工程数量，如土方量、石方量、混凝土方量及安装机组（台）套数量。

（5）项目法人：组织工程建设的单位。对于项目法人自己直接组织建设工程项目，项目法人建设单位的名称与建设单位的名称一般来说是一致的，项目法人名称就是建设单位名称；有的工程项目的项目法人与建设单位是一个机构两块牌子，这时建设单位的名称可

填项目法人也可填建设单位的名称；对于项目法人在工程建设现场派驻有建设单位的，可以将项目法人与建设单位的名称一起填上，也可以只填建设单位。

（6）设计单位：设计单位是指承担工程项目勘测设计任务的单位，若一个工程项目由多个勘测设计单位承担时，一般均应填上，或填完成主要单位工程和完成主要工程建设任务的勘测设计单位。

（7）监理单位：指承担工程项目监理任务的监理单位。如果一个工程项目由多个监理单位监理时，一般均应填上，或填承担主要单位工程的监理单位和完成主要工程建设任务的监理单位。

（8）施工单位：施工单位是指直接与项目法人或建设单位签订工程承包合同的施工单位。若一个工程项目由多个施工单位承建时，应填承担主要单位工程和完成主要工程建设任务的施工单位。

（9）开工、竣工日期：开工日期一般指主体工程正式开工的日期，如开工仪式举行的日期，或工程承包合同中阐明的日期。工程项目的竣工日期是指工程竣工验收鉴定书签订的日期。

（10）评定日期：评定日期是指监理单位填写工程项目施工质量评定表时的日期。

2.表身填写

此表不仅填写施工期施工质量，还应包含试运行期工程质量。

（1）单位工程名称：指该工程项目中的所有单位工程须逐个填入表中。

（2）在单元工程质量统计：首先应统计每个单位工程中单元工程的个数，然后统计其中每个单位工程中优良单元工程的个数，最后逐个计算每个单位工程的单元工程优良率。

（3）分部工程质量统计：先统计每个单位工程中分部工程的个数，再统计每个单位工程中优良分部工程的个数，最后计算每个单位工程中分部工程的优良率。

每个单位工程的质量等级应是以单位工程的分部工程的优良率为基础，不仅考虑优良单位工程中的主要分部工程必须优良的条件，同时应考虑到原材料质量、中间产品、金属结构及启闭机、机电设备、重要隐蔽单元工程施工记录，以及外观质量、施工质量检验资料的完整程度和是否发生过质量事故、观测资料分析结论等情况，来确定单位工程的质量等级。该栏填写的应是经项目法人认定、质量监督机构核定后的单位工程质量等级。对于单位工程中的分部工程优良率达到70%以上时，若主要分部工程没有达到优良，或因原材料质量、中间产品质量、金属结构、启闭机制造质量和机电产品质量，以及外观质量、施工质量检验资料完整程序没有达到优良标准的要求，或主要分部工程中发生了质量事故或其他分部工程中发生了重大及以上质量事故，应在备注栏内予以简要说明。

3.表尾的填写

（1）评定结构：统计本工程项目中单位工程的个数，质量全部合格。其中优良工程的个数，先计算工程项目单位工程的优良率；再计算主要单位工程的优良率，它是优良等级的主要单位工程的个数与主要单位工程的总个数之比值；最后再计算工程项目的质量等级。

（2）观测资料分析结论：填写通过实测资料提供数据的分析结果。

（3）监理单位意见：水利水电工程项目一般都不止一个施工单位承建，工程项目的质量等级应由各监理单位组织评定，工程项目的总监理工程师根据各单位工程质量评定的结果，确定工程项目的质量等级。

（4）项目法人意见：若只有一个监理单位监理的工程项目，项目法人对监理单位评定的结果予以审查确认。若由多个监理单位共同监理的工程项目，每一个监理单位只能对其监理的工程建设内容的质量进行评定和复核，整个工程项目的质量评定应由项目法人组织有关人员进行评定，法定代表人或项目法人签名并盖单位公章，将结果和相关资料上报质量监督机构。

（5）质量监督机构核定意见：质量监督机构在接到项目法人（建设单位）报来的工程项目质量评定结果和有关资料后，对照有关标准，认真审查，核定工程项目的质量等级。

第六节　质量统计分析

对工程项目进行质量控制的一个重要方法，是利用质量数据和统计分析方法。通过收集和整理质量数据，进行统计分析比较，可以找出生产过程的质量规律，从而对工程产品的质量状况进行评估，找出工程中存在的问题和问题产生的原因，再有针对性地找出解决问题的具体措施，有效解决工程中出现的质量问题，保证工程质量符合要求。

质量数据是用以描述工程质量特征性能的数据。它是进行质量控制的基础，没有相关的质量数据，就无法进行科学的现代化质量控制。

质量数据的收集总的要求应当是随机抽样，即整批数据中每个数据都有同样被抽到的机会。常用的方法包括随机法、系统抽样法、二次抽样法和分层抽样法。

为了进行统计分析和运用特征数据对质量进行控制，经常要使用许多统计特征数据。

统计特征数据主要有均值、中位数、极值、极差、标准偏差、变异系数。其中，均值和中位数表示数据集中的位置；极差、标准偏差和变异系数表示数据的波动情况，即分散程度。

根据不同的分类标准，可以将质量数据分为不同的种类。按质量数据所具有的特点，可以将其分为计量值数据和计数值数据；按期收集目的，可分为控制性数据和验收性数据。

1.按质量数据的特点分类

（1）计数值数据。

计数值数据是不连续的离散型数据。如不合格品数、不合格的构件数等，这些反映质量状况的数据是不能用量测器具来度量的，只能采用计数的办法，只能出现0、1、2等非负数的整数。

（2）计量值数据。

计量值数据是可连续取值的连续型数据。如长度、重量、面积、标高等质量特征，一般都是可以用量测工具或仪器等量测，一般都带有小数。

2. 按质量数据收集的目的分类

（1）控制性数据。

控制性数据一般是以工序作为研究对象，是为分析、预测施工过程是否处于稳定状态而定期随机地抽样检验获得的质量数据。

（2）验收性数据。

验收性数据是以工程的最终实体内容为研究对象，用于分析、判断其质量是否达到技术标准或用户的要求，而采取随机抽样检验获取的质量数据。

在工程施工过程中常可看到在相同的设备、原材料、工艺及操作人员条件下，生产的同一种产品的质量不同，反映在质量数据上，即具有波动性，其影响因素有偶然性因素和系统性因素两大类。

1. 偶然性因素造成的质量数据波动

偶然性因素引起的质量数据波动属于正常波动，偶然因素是无法或难以控制的因素，所造成的质量数据的波动量不大，没有倾向性，作用是随机的，工程质量只有偶然因素影响时，生产才处于稳定状态。

2. 系统性因素造成的质量数据波动

由系统因素造成的质量数据波动属于异常波动，系统因素是可控制、易消除的因素，这类因素不经常产生，但具有明显的倾向性，对工程质量的影响较大。质量控制的目的就是要找出出现异常波动的原因，即系统性因素是什么，并加以排除，使质量只受随机性因素的影响。

第七节 竣工验收

一、自查

对于建设内容复杂、技术含量较高的水利水电工程项目，考虑到仅进行一次性竣工验收，因时间仓促而使有些问题不能进行认真细致的查验和充分讨论，影响验收工作的质量。因此，在申请竣工验收前，要求项目法人应组织竣工验收自查。自查工作由项目法人主持，勘测、设计、监理、施工、主要设备制造（供应）商以及运行管理等单位的代表参加。

1. 自查条件

（1）工程主要建设内容已按批准设计全部完成。

（2）各单位工程的质量等级已经质量监督机构核定。

（3）工程投资已基本到位，并具备财务决算条件。

（4）相关验收报告已准备就绪。

初步验收一般应成立初步验收工作组，组长由项目法人担任，其成员通常由设计、施工、监理、质量监督、运行管理以及有关上级主管单位的代表及有关专家组成。质量监督部门不仅要参加竣工验收自查工作组，还要提出质量评定报告，并在竣工验收自查工作报告上签字。

2. 自查内容

（1）检查有关单位的工作报告。

（2）检查工程建设情况，评定工程项目施工质量等级。

（3）检查历次验收、专项验收的遗留问题和工程初期运行所发现问题的处理情况。

（4）确定工程尾工内容及其完成期限和责任单位。

（5）对竣工验收前应完成的工作做出安排。

（6）讨论并通过竣工验收自查工作报告。

（7）项目法人应在完成竣工验收自查工作之日起 10 个工作日内，将自查的工程项目质量结论和相关资料报质量监督机构核备。

二、工程质量抽样检测

1. 竣工验收主持单位

（1）根据竣工验收的需要，竣工验收主持单位可以委托具有相应资质的工程质量检测单位对工程质量进行抽样检测。

（2）根据竣工验收主持单位的要求和项目的具体情况，项目法人应负责提出工程质量抽样检测的项目、内容和数量，经质量监督机构审核后报竣工验收主持单位核定。

（3）项目法人自收到检测报告的 10 个工作日内，应获取工程质量检测报告。

2. 项目法人

（1）项目法人与竣工验收主持单位委托的具有相应资质工程质量检测单位签订工程质量检测合同。检测所需费用由项目法人列支，质量不合格工程检测费用由责任单位承担。

（2）根据竣工验收主持单位的要求和项目的具体情况，项目法人应负责提出工程质量抽样检测的项目、内容和数量，经质量监督机构审核后报竣工验收主持单位核定。

（3）项目法人应自收到检测报告 10 个工作日内，将其上报竣工验收主持单位。

（4）对于抽样检测中发现的质量问题，项目法人应及时组织有关单位研究处理。在影响工程安全运行以及使用功能的质量问题未处理完毕前，不得进行竣工验收。

（5）不得与工程质量检测单位隶属同一经营实体。

3. 工程质量检测单位

（1）应具有相应工程质量检测资质。

（2）应按照有关技术标准对工程进行质量检测，按合同要求及时提出质量检测报告并对检测结论负责。

（3）不得参与工程建设的项目法人、设计、监理、施工、设备制造（供应）商等单位隶属同一经营实体。

三、竣工技术预验收

对于建设内容复杂、技术含量较高的水利水电工程项目，考虑到若只进行一次性竣工验收，因时间仓促而使有些问题不能进行认真细致的查验和充分讨论，而影响验收工作的质量。因此，要求在竣工验收之前进行一次技术性的预验收工作。

竣工技术预验收应由竣工验收主持单位组织的专家组负责，专家组成员通常由设计、施工、监理、质量监督、运行管理等单位代表以及有关专家组成。竣工技术预验收专家组成员应具有高级技术职称或相应执业资格，2/3 以上成员应来自工程非参建单位。工程参建单位的代表应参加技术预验收，负责回答专家组提出的问题。竣工技术预验收专家组可下设专业工作组，并在各专业工作组检查意见的基础上形成竣工技术预验收工作报告。

1. 竣工技术预验收的主要工作内容

（1）检查工程是否按批准的设计完成。

（2）检查工程是否存在质量隐患和影响工程安全运行的问题。

（3）检查历次验收、专项验收的遗留问题和工程初期运行中所发现问题的处理情况。

（4）对工程重大技术问题进行评价。

（5）检查工程尾工安排情况。

（6）鉴定工程施工质量。

（7）检查工程投资、财务情况。

（8）对验收中发现的问题提出处理意见。

2. 竣工技术预验收的工作程序

（1）现场检查工程建设情况并查阅有关工程建设资料。

（2）听取项目法人、设计、监理、施工、质量和安全监督机构、运行管理等单位工作报告。

（3）听取竣工验收技术鉴定报告和工程质量抽样检测报告。

（4）专业工作组讨论并形成各专业工作组意见。

（5）讨论并通过竣工技术预验收工作报告。

（6）讨论并形成竣工验收鉴定书初稿。

四、竣工验收

1. 竣工验收单位构成

竣工验收委员会可设主任委员1名，副主任委员以及委员若干名，主任委员应由验收主持单位代表担任。竣工验收委员会由竣工验收主持单位、有关地方人民政府和部门、有关水行政主管部门和流域管理机构、质量和安全监督机构、运行管理单位的代表以及有关专家组成。对于技术较复杂的工程，可以吸收有关方面的专家以个人身份参加验收委员会。

竣工验收的主持单位按以下原则确定：

（1）国家投资和管理的项目，由水利部或水利部授权的流域机构主持。

（2）国家投资、地方管理的项目，由水利部或流域机构与地方政府或省一级水行政主管部门共同主持，原则上由水利部或流域机构代表担任验收主任委员。

（3）国家和地方合资建设的项目，由水利部或流域机构主持。

（4）地方投资和管理的项目由地方政府或水行政主管部门主持。

（5）地方与地方合资建设的项目，由各合资方共同主持，原则上由主要投资方代表担任验收委员会主任委员。

（6）多种渠道集资兴建的甲类项目由当地水行政主管部门主持；乙类项目由主要出资方主持，水行政主管部门派员参加。大型项目的验收主持单位要报省级水行政主管部门批准。

（7）国家重点工程按国家有关规定执行。

为保证验收工作的公正和合理，各参建单位如项目法人、勘测、设计、监理、施工和主要设备制造（供应）商等单位应派代表参加竣工验收，负责解答验收委员会提出的问题，作为被验收单位代表在验收鉴定书上签字。

项目法人应在竣工验收前一定的期限内（通常为1个月左右），向竣工验收的主持单位递交《竣工验收申请报告》，可以让主持竣工验收单位与其他有关单位有一定的协商时间，同时也有一定的时间来检查工程是否具备竣工验收条件。项目法人还应在竣工验收前一定的期限内（通常为半个月左右）将有关材料送达竣工验收委员会成员单位，以便验收委员会成员有足够的时间审阅有关资料，澄清有关问题。

2. 竣工验收主要内容与程序

（1）现场检查工程建设情况及查阅有关资料。

（2）召开大会：

①宣布验收委员会组成人员名单。

②观看工程建设声像资料。

③听取工程建设管理工作报告。

④听取竣工技术预验收工作报告。

⑤听取验收委员会确定的其他报告。

⑥讨论并通过竣工验收鉴定书。

⑦验收委员会委员和被验收单位代表在竣工验收鉴定书上签字。

3. 竣工验收确定

（1）工程项目质量达到合格以上等级的，竣工验收的质量结论意见为合格。

（2）竣工验收鉴定书格式如下。数量按验收委员会组成单位、工程主要参建单位各 1 份以及归档所需要份数确定。自鉴定书通过之日起 30 个工作日内，由竣工验收主持单位发送有关单位。

第八节　质量事故处理

一、事故处理必备条件

建筑工程质量事故分析的最终目的是处理事故。由于事故处理具有复杂性、危险性、连锁性、选择性及技术难度大等特点，因此必须持科学、谨慎的态度，并严格遵守一定的处理程序。

（1）处理目的明确。

（2）事故情况清楚。

一般包括事故发生的时间、地点、过程、特征描述、观测记录及发展变化规律等。

（3）事故性质明确。

通常应明确三个问题：是结构性还是一般性问题；是实质性还是表面性问题；事故处理的紧迫程度。

（4）事故原因分析准确、全面。

事故处理类似于医生给人看病，只有弄清病因，方能对症下药。

（5）事故处理所需资料应齐全。

资料是否齐全直接影响到分析判断的准确性和处理方法的选择。

二、事故处理要求

事故处理通常应达到以下四项要求：安全可靠、不留隐患；满足使用或生产要求；经济合理；施工方便、安全。要达到上述要求，事故处理必须注意以下事项：

1. 综合治理

首先，应防止原有事故处理后引发新的事故；其次，应注意处理方法的综合应用，以取得最佳效果；再者，一定要消除事故根源，不可治表不治里。

2. 事故处理过程中的安全

避免工程处理过程中或者在加固改造的过程中倒塌，造成了更大的人员和财产损失，为此应注意以下问题：

（1）对于严重事故、岌岌可危、随时可能倒塌的建筑，在处理之前必须有可靠的支护。

（2）对需要拆除的承重结构部件，必须事先制定拆除方案和安全措施。

（3）凡涉及结构安全的问题，处理阶段的结构强度和稳定性十分重要，尤其是钢结构容易失稳问题引起足够重视。

（4）重视处理过程中由于附加应力引发的不安全因素。

（5）在不卸载条件下进行结构加固，应注意加固方法的选择以及对结构承载力的影响。

3. 事故处理的检查验收工作

目前，对新建施工，由于引进工程监理，在"三控三管一协调"方面发挥了重要作用。但对于建筑物的加固改造工程事故处理及检查验收工作重视程度还不够，应予以加强。

三、质量事故处理的依据

进行工程质量事故处理的主要依据有四个方面：

1. 质量事故的实况资料

要搞清质量事故的原因和确定处理对策，首要的是要掌握质量事故的实际情况。有关质量事故实况的资料主要可来自以下几个方面：

（1）施工单位的质量事故调查报告。质量事故发生后，施工单位有责任对所发生的质量事故进行周密的调查、研究掌握情况，并在此基础上写出调查报告，提交监理工程师和业主。

（2）监理单位调查研究所获得的第一手资料。

其内容大致与施工单位调查报告中有关内容相似，可用来与施工单位所提供的情况对照、核实。

2. 有关合同及合同文件

（1）工程所涉及的合同文件可以是工程承包合同、设计委托合同、设备与器材购销合同、监理合同等。

（2）工程有关合同和合同文件在处理质量事故中的作用是确定在施工过程中有关各方是否按照合同有关条款实施其活动，借以探寻产生事故的可能原因。例如，施工单位是否在规定时间内通知监理单位进行隐蔽工程验收；监理单位是否按规定时间实施了检查验收；施工单位在材料进场时，是否按规定或约定进行了检验等。此外，有关合同文件还是界定质量责任的重要依据。

3. 工程有关的技术文件和档案

（1）工程有关的设计文件。如施工图纸和技术说明等，它是施工的重要依据。在处理质量事故中，其作用一方面是可以对照设计文件，核查施工质量是否完全符合设计的规定和要求；另一方面是可以根据所发生的质量事故情况，核查设计中是否存在问题或缺陷，成为导致质量事故的一方面原因。

（2）工程与施工有关的技术文件、档案和资料。

①工程施工组织设计或施工方案、施工计划。

②工程施工记录、施工日志等。根据它们可以查对发生质量事故的工程施工时的情况，如：施工时的气温、降雨、风、浪等有关的自然条件；施工人员的情况；施工工艺与操作过程的情况；使用的材料情况；施工场地、工作面、交通等情况；地质及水文地质情况等。借助这些资料可以追溯和探寻事故的可能原因。

③工程有关建筑材料的质量证明资料。例如材料批次、出厂日期、出厂合格证或检验报告、施工单位抽检或试验报告等。

④工程现场制备材料的质量证明资料。例如，混凝土拌和料的级配、水灰比、塌落度记录；混凝土试块强度试验报告；沥青拌和料配比、出机温度和摊铺温度记录等。

⑤工程质量事故发生后，对事故状况的观测记录、试验记录或试验报告等。例如，对地基沉降的观测记录；对建筑物倾斜或变形的观测记录；对地基钻探取样记录与试验报告，对混凝土结构物钻取试样的记录与试验报告等。

⑥工程其他有关资料。上述各类技术资料对于分析质量事故原因，判断其发展变化趋势，推断事故影响及严重程度，考虑处理措施等都是不可缺少的。

4. 监理单位编制质量事故调查报告

调查的主要目的是要明确事故的范围、缺陷程度、性质、影响和原因，为事故的分析和处理提供依据。

调查报告的内容主要包括：

（1）与事故有关的工程情况。

（2）质量事故的详细情况，诸如质量事故发生的时间、地点、部位、性质、现状及发展变化情况等。

（3）事故调查中有关的数据、资料和初步估计的直接损失。

（4）质量事故原因分析与判断。

（5）是否需要采取临时防护措施。

（6）工程事故处理及缺陷补救的建议方案与措施。

（7）工程事故涉及的有关人员的情况。

事故原因分析是确定事故处理措施方案的基础。正确的处理来源于对事故原因的正确判断。为此，监理工程师应当组织设计、施工、建设单位等各方参加事故原因分析。事故处理方案的制定应以事故原因分析为基础。如果某些事故一时认识不清，而且事故一时不致产生严重的恶化，可以继续进行调查、观测，以便掌握更充分的资料数据，做进一步分析，找出原因，以利制定处理方案；切忌急于求成，不能对症下药，采取的处理措施不能达到预期效果，造成反复处理的不良后果。

四、工程质量事故处理的程序

工程监理人员应熟悉各级政府建设行政主管部门处理工程质量事故的基本程序，特别是应把握在质量事故处理中如何履行自己的职责。工程质量事故发生后，监理人员可按以下程序进行处理：

（1）各级主管部门处理权限及组成调查组权限如下：特别重大质量事故由国家按有关程序和规定处理；重大质量事故由国家建设行政主管部门归口管理；严重质量事故由省、自治区、直辖市建设行政主管部门归口管理；一般质量事故由市、县级建设行政主管部门归口管理。

（2）工程质量事故调查组由事故发生地的市、县以上建设行政主管部门或国家有关主管部门组织成立。特别重大质量事故调查组组成由国家批准；一、二级重大质量事故调查组的组成意见由省、自治区、直辖市建设行政主管部门提出，人民政府批准；三、四级重大质量事故调查组的组成意见由市、县级行政主管部门提出，并由相应级别人民政府批准；严重质量事故调查组由省、自治区、直辖市建设行政主管部门组织；一般质量事故调查组由市、县级建设行政主管部门组织；事故发生单位属国家部委的，由国家有关主管部门或其授权部门会同当地建设行政主管部门组织调查组。

（3）工程监理工程师在事故调查组展开工作后，应积极协助，客观地提供相应证据，若监理方无责任，监理工程师可应邀参加调查组，参与事故调查；若监理方有责任，则应予以回避，但仍需配合调查组工作。

（4）工程当监理工程师接到质量事故调查组提出的技术处理意见后，可组织相关单位研究，并责成相关单位完成技术处理方案，予以审核签认。质量事故技术处理方案，一般应委托原设计单位提出，由其他单位提供的技术处理方案，应经原设计单位同意签认。技术处理方案的制定，应征求建设单位意见。技术处理方案必须依据充分，应在质量事故的部位、原因全部查清的基础上，必要时，应委托法定工程质量检测单位进行质量鉴定或请专家论证，以确保技术处理方案可靠、可行，保证结构安全和使用功能。

（5）质量事故技术处理方案核签后，监理工程师应要求施工单位制定详细的施工方案，必要时应编制监理实施细则，对工程质量事故技术处理施工质量进行监理，技术处理过程中的关键部位和关键工序应进行旁站。

第三章　水利工程施工进度管理

近十几年来，在国际水利工程施工项目中人们提出许多新的理念。包括提倡多赢，照顾各方面的利益，鼓励技术创新和管理创新，注重工程对社会、对历史的责任，工程的可持续发展，等等。此外，在水利工程施工项目的全生命期评价和管理方面，集成化管理方面，项目管理的知识体系方面，项目管理的标准化方面有许多研究，开发和应用成果。随着科学技术的发展和社会的进步，对水利工程施工项目的要求也日益增加。水利工程施工项目的目标、计划、协调和控制也更加复杂。

第一节　施工进度计划的作用和类型

一、施工进度计划的作用

施工进度计划具有以下作用：

（1）控制工程的施工进度，确保按期或提前竣工，并交付使用或投入运转。

（2）通过施工进度计划的安排，加强工程施工的计划性，使施工能均衡、连续、有节奏地进行。

（3）从施工顺序和施工进度等组织措施上，保证工程质量和施工安全。

（4）合理使用建设资金、劳动力、材料和机械设备，实现多、快、好、省地进行工程建设的目的。

（5）确定各施工时段所需的各类资源的数量，为施工准备提供依据。

（6）施工进度计划是制订更细一层进度计划（如月、旬作业计划）的基础。

二、施工进度计划的类型

施工进度计划按编制对象的大小和范围不同，可分为施工总进度计划、单项工程施工进度计划、单位工程施工进度计划、分部工程施工进度计划和施工作业计划。下面只对常见的几种进度计划作一概述。

1. 施工总进度计划

施工总进度计划是以整个水利水电枢纽工程为编制对象，旨在拟定其中各个单项工程和单位工程的施工顺序及建设进度，以及工程施工前的准备工作和完工后的结尾工作的项目与施工期限。因此，施工总进度计划是一种轮廓性（或控制性）的进度计划，在施工过程中主要控制和协调各单项工程或单位工程的施工进度。

施工总进度计划的任务是分析工程所在地区的自然条件、社会经济资源、影响施工质量与进度的关键因素，确定关键性工程的施工分期和施工程序，并协调安排其他工程的施工进度，实现整个工程施工前后兼顾、互相衔接、均衡生产，最大限度地合理使用资金、劳动力、设备、材料，在保证工程质量和施工安全的前提下，按时或提前建成投产。

2. 单项工程施工进度计划

单项工程进度计划是以枢纽工程中的主要工程项目（如大坝、水电站等单项工程）为编制对象，并将单项工程划分成单位工程或分部分项工程，制定其中各项目的施工顺序和建设进度以及相应的施工准备工作内容与施工期限。它以施工总进度计划为基础，要求进一步从施工程序、施工方法和技术供应等条件上论证施工进度的合理性和可靠性，尽可能组织流水作业，并研究加快施工进度和降低工程成本的具体措施。反过来，又可根据单项工程进度计划对施工总进度计划进行局部微调或修正，编制劳动力和各种物资的技术供应计划。

3. 单位工程施工进度计划

单位工程进度计划是以单位工程（如土坝的基础工程、防渗体工程、坝体填筑工程等）为编制对象，拟定出其中各分部、分项工程的施工顺序、建设进度以及相应的施工准备工作内容和施工期限。它以单项工程进度计划为基础进行编制，属于实施性进度计划。

4. 施工作业计划

施工作业计划是以某一施工作业过程为编制对象，制定出该作业过程的施工起止日期以及相应的施工准备工作内容和施工期限。它是最具体的实施性进度计划。在施工过程中，为了加强计划管理工作，各施工作业班组都应在单位工程施工进度计划的要求下，编制出年度、季度或逐月的作业计划。

第二节　施工总进度计划的编制

施工总进度计划是项目工期控制的指挥棒，是项目实施的依据和向导。编制施工总进度计划必须遵循相关的原则，准备翔实可靠的原始资料，按照一定的方法去编制。

一、施工总进度计划的编制原则

编制施工总进度计划应遵循以下原则：

（1）加强与施工组织设计及其他各专业的密切联系，统筹考虑，以关键性工程的施工分期和施工程序为主导，协调安排其他各单项工程的施工进度。同时，进行必要的多方案比较，从中选择最优方案。

（2）在充分掌握及认真分析基本资料的基础上，尽可能采用先进的施工技术和设备，最大限度地组织均衡施工，力争全年施工，加快施工进度。同时，应做到实事求是，并留有余地，保证工程质量和施工安全。当施工情况发生变化时，要及时调整和落实施工总进度。充分重视和合理安排准备工程的施工进度。在主体工程开工前，相应各项准备工作应基本完成，为主体工程开工和顺利进行创造条件。

（3）对高坝、大库容的工程，应研究分期建设或分期蓄水的可能性，尽可能减少第一批机组投产前的工程投资。

二、施工总进度计划的编制方法

1. 基本资料的收集和分析

在编制施工总进度计划之前和编制过程中，要收集和不断完善编制施工总进度所需的基本资料。这些基本资料主要有：

（1）上级主管部门对工程建设的指示和要求，有关工程的合同协议。如设计任务书，工程开工竣工、投产的顺序和日期，对施工承建方式和施工单位的意见，工程施工机械化程度、技术供应等方面的指示，国民经济各部门对施工期间防洪灌溉、航运、供水、过木等要求。

（2）设计文件和有关的法规、技术规范、标准。

（3）工程勘测和技术经济调查资料。如地形、水文、气象资料，工程地质与水文地质资料，当地建筑材料资料，工程所在地区和库区的工矿企业、矿产资源、水库淹没和移民安置等资料。

（4）工程规划设计和概预算方面的资料。如工程规划设计的文件和图纸、主管部门的投资分配和定额资料等。

（5）施工组织设计其他部分对施工进度的限制和要求。如施工场地情况、交通运输能力、资金到位情况、原材料及工程设备供应情况、劳动力供应情况、技术供应条件、施工导流与分期、施工方法与施工强度限制以及供水、供电、供风和通信情况等。

（6）施工单位施工技术与管理方面的资料，以及类似工程的经验及施工组织设计资料等。

（7）征地及移民搬迁安置情况。

（8）其他有关资料。如环境保护、文物保护和野生动物保护等。

收集了以上资料后，应着手对各部分资料进行分析和比较，找出控制进度的关键因素。尤其是施工导流与分期的划分，截流时段的确定，围堰挡水标准的拟定，大坝的施工程序及施工强度、加快施工进度的可能性，坝基开挖顺序及施工方法、基础处理方法和处理时间，各主要工程所采用的施工技术与施工方法、技术供应情况及各部分施工的衔接，现场布置与劳动力设备、材料的供应与使用等。只有把这些基本情况搞清楚，并理顺它们之间的关系，才可能做出既符合客观实际又满足主管部门要求的施工总进度安排。

2.施工总进度计划的编制步骤

（1）划分并列出工程项目。

总进度计划的项目划分不宜过细。列项时，应根据施工部署中分期、分批开工的顺序和相互关联的密切程度依次进行，防止漏项，突出每一个系统的主要工程项目，分别列入工程名称栏内。对于一些次要的零星项目，则可合并到其他项目中去。例如河床中的水利水电工程，若按扩大单项工程列项，可以有准备工作、导流工程、拦河坝工程、溢洪道工程、引水工程、电站厂房、升压变电站、水库清理工程结束工作进行列项。

（2）计算工程量。

工程量的计算一般应根据设计图纸、工程量计算规则及有关定额手册或资料进行。其数值的准确性直接关系到项目持续时间的误差，进而影响进度计划的准确性。当然，设计深度不同，工程量的计算（估算）精度也不一样。在有设计图的情况下，还要考虑工程性质、工程分期、施工顺序等因素，分别按土方、石方、混凝土、水上、水下、开挖、回填等不同情况，分别计算工程量。有时，为了分期、分层或分段组织施工的需要，应分别计算不同高程（如对大坝）、不同桩号（如对渠道）的工程量，做出累计曲线，以便分期、分段组织施工。计算工程量常采用列表的方式进行。工程量的计量单位要与使用的定额单位相吻合。

在没有设计图或设计图不全、不详时，可参照类似工程或通过概算指标估算工程量。常用的定额资料有：

1）1万元、10万元投资工程量、劳动量及材料消耗扩大指标。

2）概算指标和扩大结构定额。

3）标准设计和已建成的类似建筑物、构筑物的资料。

（3）计算各项目的施工持续时间。

确定进度计划中各项工作的作业时间是计算项目计划工期的基础。在工作项目的实物工程量一定的情况下，工作持续时间与安排在工程上的设备水平、人员技术水平、人员与设备数量、效率等有关。

（4）分析确定项目之间的逻辑关系。

项目之间的逻辑关系取决于工程项目的性质和轻重缓急施工组织、施工技术等许多因素，概括说来分为两大类。

工艺关系，即由施工工艺决定的施工顺序关系。在作业内容、施工技术方案确定的情况下，这种工作逻辑关系是确定的，不得随意更改。如一般土建工程项目，应按照先地下后地上、先基础后结构、先土建后安装再调试、先主体后围护（或装饰）的原则安排施工顺序。现浇柱子的工艺顺序为：扎柱筋→支柱模→浇筑混凝土→养护和拆模。土坝坝面作业的工艺顺序为：铺土→平土→晾晒或洒水→压实→刨毛。它们在施工工艺上，都有必须遵循的逻辑顺序，违反这种顺序将付出额外的代价甚至造成巨大损失。

组织关系，即由施工组织安排决定的施工顺序关系。如工艺上没有明确规定先后顺序关系的工作，由于考虑到其他因素（如工期、质量、安全、资源限制、场地限制等）的影响而人为安排的施工顺序关系，均属此类。例如，由导流方案所形成的导流程序，决定了各控制环节所控制的工程项目，也就决定了这些项目的衔接顺序。再如，采用全段围堰隧洞导流的导流方案时，通常要求在截流以前完成隧洞施工、围堰进占、库区清理、截流备料等工作，由此形成了相应的衔接关系。又如，由于劳动力的调配、施工机械的转移、建筑材料的供应和分配、机电设备进场等原因，安排一些项目在先，另一些项目滞后，均属组织关系所决定的顺序关系。由组织关系所决定的衔接顺序，一般是可以改变的。只要改变相应的组织安排，有关项目的衔接顺序就会发生相应的变化。

项目之间的逻辑关系，是科学安排施工进度的基础，应逐项研究，仔细确定。

（5）初拟施工总进度计划。

通过对项目之间进行逻辑关系分析，掌握工程进度的特点，理清工程进度的脉络之后，就可以初步拟订出一个施工进度方案。在初拟进度时，必须要抓住关键，分清主次，理清关系，互相配合，合理安排。要特别注意在安排工程进度时，必须合理考虑与洪水有关、受季节性限制较严、施工技术较复杂的控制性工程。

对于堤坝式水利水电枢纽工程，其关键项目一般位于河床，故施工总进度的安排应以导流程序为主要线索。先将施工导流、围堰截流基坑排水、坝基开挖、基础处理施工度汛坝体拦洪、下闸蓄水、机组安装和引水发电等关键性控制进度安排好，其中应包括相应的准备、结束工作和配套辅助工程的进度。这样，构成的总的轮廓进度即进度计划的骨架。然后，再配合安排不受水文条件控制的其他工程项目，形成整个枢纽工程的施工总进度计划草案。

需要注意的是，在初拟控制性进度计划时，对于围堰截流、拦洪度汛、蓄水发电等这样一些关键项目，一定要进行充分论证，并落实相关措施。否则，如果延误了截流时机，影响了发电计划，对工期的影响和造成国民经济的损失往往是巨大的。

对于引水式水利水电工程，有时引水建筑物的施工期限成为控制总进度的关键，此时总进度计划应以引水建筑物为主来进行安排，其他项目的施工进度要与之相适应。

（6）调整和优化。

初拟进度计划形成以后，要配合施工组织设计其他部分的分析，对一些控制环节、关键项目的施工强度、资源需用量、投资过程等重大问题进行分析计算。若发现主要工程的施工强度过大或施工强度很不均衡（此时也必然引起资源使用的不均衡）时，就应进行调整和优化，使新的计划更加完善，更加切实可行。

必须强调的是，施工进度的调整和优化往往要反复进行，工作量大而枯燥。现阶段已普遍采用优化程序进行电算。

（7）编制正式施工总进度计划。

经过调整优化后的施工进度计划，可以作为设计成果整理以后提交审核。施工进度计划的成果可以用横道进度表的形式表示，也可以用网络图的形式表示。此外，还应提交有关主要工种工程施工强度、主要资源需用强度和投资费用动态过程等方面的成果。

三、进度计划的检查和调整方法

在进度计划执行过程中，应根据现场实际情况不断进行检查，分析检查结果，确定相应的调整方案，这样才能充分发挥进度计划的控制功能，实现进度计划的动态控制。为此，进度计划执行中的管理工作包括检查并掌握实际进度情况、分析产生进度偏差的主要原因、确定相应的纠偏措施或调整方法等三个方面。

（一）进度计划的检查

1.进度计划的检查方法

（1）计划执行中的跟踪检查。在网络计划的执行过程中，必须建立相应的检查制度，定时定期地对计划的实际执行情况进行跟踪检查，搜集反映实际进度的有关数据。

（2）搜集数据的加工处理。搜集反映实际进度的原始数据量大面广，必须对其进行整理、统计和分析，形成与计划进度具有可比性的数据，以便在网络图上进行记录。根据记录的结果可以分析判断进度的实际状况，及时发现进度偏差，为网络图的调整提供信息。

（3）实际进度检查记录的方式。

当采用时标网络计划时，可采用实际进度前锋线记录计划实际执行情况，进行实际进度与计划进度的比较。

实际进度前锋线是在原时标网络计划上，自上而下从计划检查时刻的时标点出发，用点画线依次将各项工作实际进度达到的前锋点连接成的折线。通过实际进度前锋线与原进度计划中的各项工作箭线交点的位置，可以判断实际进度与计划进度的偏差。

当采用无时标网络计划时，可在图上直接用文字、数字、适当符号或列表记录计划的实际执行状况，进行实际进度与计划进度的比较。

2. 网络计划检查的主要内容

（1）关键工作进度。

（2）非关键工作的进度及时差利用的情况。

（3）实际进度对各项工作之间逻辑关系的影响。

（4）资源状况。

（5）成本状况。

（6）存在的其他问题。

3. 对检查结果进行分析判断

通过对网络计划执行情况检查的结果进行分析判断，可为计划的调整提供依据。一般应进行如下分析判断：

（1）对时标网络计划可利用绘制的实际进度前锋线，分析计划的执行情况及其发展趋势，对未来的进度做出预测、判断，找出偏离计划目标的原因及可供挖掘的潜力所在。

（2）对无时标网络计划可根据实际进度的记录情况，对计划中未完的工作进行分析判断。

（二）进度计划的调整

进度计划的调整内容包括调整网络计划中关键线路的长度、调整网络计划中非关键工作的时差、增（减）工作项目、调整逻辑关系、重新估计某些工作的持续时间、对资源的投入作相应调整。网络计划的调整方法如下：

1. 调整关键线路法

（1）当关键线路的实际进度比计划进度拖后时，可以缩短尚未完成的关键工作中资源强度较小或费用较低的工作的持续时间，并重新计算未完成部分的时间参数，将其作为一个新的计划实施。

（2）当关键线路的实际进度比计划进度提前时，若不想提前工期，应选用资源占有量大或者直接费用高的后续关键工作，适当延长其持续时间，以降低其资源强度或费用；当确定要提前完成计划时，应将计划尚未完成的部分作为一个新的计划，重新确定关键工作的持续时间，按新计划实施。

2. 非关键工作时差的调整方法

非关键工作时差的调整应在其时差范围内进行，以便更充分地利用资源、降低成本或满足施工的要求。每一次调整后都必须重新计算时间参数，观察该调整对计划全局的影响，可采用以下几种调整方法：

（1）将工作在其最早开始时间与最迟完成时间范围内移动。

（2）延长工作的持续时间。

（3）缩短工作的持续时间。

3.增减工作时的调整方法

增减工作时应符合这样的规定：不破坏原网络计划总的逻辑关系，只对局部逻辑关系进行调整；在增减工作后应重新计算时间参数，分析对原网络计划的影响。当对工期有影响时，应采取调整措施，以保证计划工期不变。

4.调整逻辑关系

逻辑关系的调整只有当实际情况要求改变施工方法或组织方法时才可进行，调整时应避免影响原定计划工期和其他工作的顺利进行。

5.调整工作的持续时间

当发现某些工作的原持续时间估计有误或实现条件不充分时，应重新估算其持续时间，重新计算时间参数，尽量使原计划工期不受影响。

6.调整资源的投入

当资源供应发生异常时，应采用资源优化方法对计划进行调整，或采取应急措施，使其对工期的影响最小。

网络计划的调整可以定期调整，也可以根据检查的结果随时调整。

第三节　网络进度计划

网络图是网络计划的基础，由箭线（用一端带有箭头的实线或虚线表示）和节点（用圆圈表示）组成，是用来表示一项工程或任务进行顺序的有向、有序的网状图。

网络计划是用网络图表达任务构成、工作顺序，并加注工作时间参数的进度计划。网络计划的时间参数可以帮我们找到工程中的关键工作和关键线路，方便在具体实施中对资源、费用等进行调整。

一、双代号网络计划

（一）双代号网络图

双代号网络图是应用较为普遍的一种网络计划形式。在双代号网络图中，工作用有向箭线表示，工作的名称写在箭线的上方，工作所持续的时间写在箭线的下方，箭尾表示工作的开始，箭头表示工作的结束。箭头和箭尾衔接的地方画上圆圈并编上号码，用箭头与箭尾的号码（i、j、k）作为工作的代号。

1.基本要素

双代号网络图由箭线、节点和线路三个基本要素组成，其具体含义如下：

（1）箭线（工作）。

1）在双代号网络图中，一条箭线表示一项工作，工作也称活动，是指完成一项任务的过程。工作既可以是一个建设项目、一个单项工程，也可以是一个分项工程乃至一个工序。

2）箭线有实箭线和虚箭线两种。实箭线表示该工作需要消耗的时间和资源（如支模板浇筑混凝土等），或者该工作仅是消耗时间而不消耗资源（如混凝土养护、抹灰干燥等）；虚箭线表示该工作是既不消耗时间也不消耗资源的工作——虚工作，用以反映一些工作与另外一些工作之间的逻辑制约关系。虚工作一般起着工作之间的联系、区分、断路三个作用。联系作用是指应用虚箭线正确表达工作之间相互依存的关系；区分作用是指双代号网络图中每一项工作必须用一条箭线和两个代号表示，若两项工作的代号相同，应使用虚工作加以区分；断路作用是用虚箭线断掉多余联系（即在网络图中，若把无联系的工作联系上了，应加上虚工作将其断开）。

3）在无时间坐标限制的网络图中，箭线长短不代表工作时间长短，可以任意画，箭线可以是直线、折线或斜线，但其进行方向均应从左向右；在有时间坐标限制的网络图中，箭线长度必须根据工作持续时间按照坐标比例绘制。

（4）双代号网络图中，工作之间的相互关系有以下几种：

紧前工作：相对于某工作而言，紧排其前的工作称为该工作的紧前工作，工作与其紧前工作之间可能会有虚工作存在。

紧后工作：相对于某工作而言，紧排其后的工作称为该工作的紧后工作，工作与其紧后工作之间也可能会有虚工作存在。

平行工作：相对于某工作而言，可以与该工作同时进行的工作即为该工作的平行工作。

先行工作：自起始工作至本工作之前各条线路上所有工作。

后续工作：自本工作至结束工作之后各条线路上所有工作。

（2）节点。

节点也称事件或接点，指表示工作的开始、结束或连接关系的圆圈。任何工作都可以用其箭线前、后的两个节点的编码来表示，起点节点编码在前，终点节点编码在后。

节点只是前后工作的交接点，表示一个"瞬间"，既不消耗时间，也不消耗资源。

箭线的箭尾节点表示该工作的开始，箭线的箭头节点表示该工作的结束。

1）节点类型。

起始节点：网络图的第一个节点为整个网络图的起始节点，也称开始节点或源节点，意味着一项工程的开始，它只有外向箭线。

终点节点：网络图的最后一个节点叫终点节点或结束节点，意味着一项工程的完成，它只有内向箭线。

中间节点：网络图除起点节点和终点节点外的节点均称为中间节点，意味着前项工作的结束和后项工作的开始，它既有内向箭线，又有外向箭线。

2）节点编号的顺序。

从起始节点开始，依次向终点节点进行。编号原则：每一条箭线的箭头节点必须大于箭尾节点编号，并且所有节点的编号不能重复出现。

3）线路。

从起始节点出发，沿着箭头方向直至终点节点，中间由一系列节点和箭线构成的若干条"通道"，即称为线路。完成某条线路的全部工作所需的总持续时间，即该条线路上全部工作的工作历时之和，称为线路时间或线路长度。根据线路时间的不同，线路又分为关键线路和非关键线路。

关键线路指在网络图中线路时间最长的线路，或自始至终全部由关键工作组成的线路。关键线路至少有一条，也可能有多条。关键线路上的工作称为关键工作，关键工作的机动时间最少，它们完成的快慢直接影响整个工程的工期。

非关键线路指网络图中线路时间短于关键线路的任何线路。除关键工作外其余均为非关键工作。非关键工作有机动时间可利用，但拖延了某些非关键工作的持续时间，非关键线路有可能转化为关键线路。同样，缩短某些关键工作持续时间，关键线路有可能转化为非关键线路。

2. 逻辑关系

网络图中的逻辑关系是指表示一项工作与其他有关工作之间相互联系与制约的关系，即各个工作在工艺上、组织管理上所要求的先后顺序关系。项目之间的逻辑关系取决于工程项目的性质和轻重缓急、施工组织、施工技术等许多因素。逻辑关系包括工艺关系和组织关系。

（1）工艺关系。

工艺关系即由施工工艺决定的施工顺序关系。这种关系是确定的，不能随意更改的，如土坝坝面作业的工艺顺序为铺土、平土晾晒或洒水、压实、刨毛等。这些工艺关系在施工过程中必须遵循，不能违反。

（2）组织关系。

组织关系即由施工组织安排决定的施工顺序关系。这种关系是工艺没有明确规定先后顺序关系的工作，考虑到其他因素的影响而人为安排的施工顺序关系。例如，采用全段围堰明渠导流时，要求在截流以前完成明渠施工、截流备料、戗堤进占等工作。由组织关系所决定的衔接顺序一般是可以改变的。

（二）双代号网络图的绘制

1. 绘制原则

（1）双代号网络图必须正确表达已定的逻辑关系。

（2）在双代号网络图中，严禁出现循环回路。

所谓循环回路是指从网络图中的某一节点出发，沿着箭线方向又回到了原来出发点的线路。绘制时尽量避免逆向箭线，因为逆向箭线容易造成循环回路。

（3）网络图中不允许出现双向箭线和无箭头箭线。进度计划是有向图，沿着箭线方向进行施工，箭线的方向表示工作的进行方向，箭尾表示工作的开始，箭头表示工作的结束。双向箭头或无箭头的连线将使逻辑关系含糊不清。

（4）在双代号网络图中，严禁出现没有箭头节点或没有箭尾节点的箭线。没有箭尾节点的箭线，不能表示它所代表的工作在何时开始；没有箭头节点的箭线，不能表示它所代表的工作何时完成。

（5）在双代号网络图中，严禁出现相同节点代号的箭线。

2.绘制方法和步骤

（1）绘制方法。

为使双代号网络图绘制简洁、美观，宜用水平箭线和垂直箭线表示。在绘制之前，先确定出各个节点的位置号，再按照节点位置及逻辑关系绘制网络图。

节点位置号确定方法如下：

1）无紧前工作的工作，起始节点位置号为0。

2）有紧前工作的工作，起始节点位置号等于其紧前工作的起始节点位置号的最大值加1。

3）有紧后工作的工作，终点节点位置号等于其紧后工作的起始节点位置号的最小值。

4）无紧后工作的工作，终点节点位置号等于网络图中除无紧后工作的工作外，其他工作的终点节点位置号最大值加1。

（2）绘制步骤。

1）根据已知的紧前工作确定紧后工作。

2）确定出各工作的起始节点位置号和终点节点位置号。

3）根据节点位置号和逻辑关系绘出网络图。

在绘制时，若工作之间没有出现相同的紧后工作或者工作之间只有相同的紧后工作，则肯定没有虚箭线；若工作之间既有相同的紧后工作，又有不同的紧后工作，则肯定有虚箭线；到相同的紧后工作用虚箭线，到不同的紧后工作则无虚箭线。

二、单代号网络计划

单代号网络计划是在单代号网络图中标注时间参数的进度计划。单代号网络图也称为节点式网络图或单代号对接网络图。它用节点及编号表示工作，用箭线表示工作之间的逻辑关系。由于一个节点只表示一项工作，且只编制一个代号，故称"单代号"。

（一）单代号网络图的绘制

1. 单代号网络图的构成与基本符号

单代号网络图是网络计划的另一种表达方法，包括节点和箭线两个要素。

（1）节点。

单代号网络图的节点表示工作，可以用圆圈或者方框表示。节点表示的工作名称、持续时间和工作编号等应标注在节点内。

节点可连续编号或间断编号，但不允许重复编号。一个工作必须有唯一的一个节点和编号。

（2）箭线。

在单代号网络图中，箭线表示工作之间的逻辑关系。箭线的形状和方向可根据绘图的需要设置，可画成水平直线、折线或斜线等。单代号网络图中不设虚箭线，箭线的箭尾节点的编号应小于箭头节点的编号，水平投影的方向应自左至右，表示工作的进行方向。

2. 单代号网络图的绘制规则

单代号网络图的绘制必须遵循一定的逻辑规则，当违背了这些规则，可能出现逻辑混乱，无法判别工作之间的关系和进行参数计算，这些规则与双代号网络图的规则基本相似。

（1）在单代号网络图中必须正确表述已定的逻辑关系。

（2）在单代号网络图中严禁出现循环回路。

（3）在单代号网络图中严禁出现双向箭线和无箭线的连线。

（4）工作编号不允许重复，任何一个编号只能表示唯一的工作。

（5）不允许出现无箭头节点的箭线和无箭尾节点的箭线。

（6）绘制网络图时，箭线不宜交叉，当交叉不可避免时，可采用过桥法、指向法或断线法来表示。

（7）单代号网络图中应只有一个起始节点和终点节点，当网络图中有多项起始节点和多项终点节点时，应在网络图两端分别设置一项虚工作，作为网络图的起始节点和终点节点。

3. 单代号网络图绘制的方法和步骤

（1）根据已知的紧前工作确定出其紧后工作。

（2）确定出各工作的节点位置号。令无紧前工作的工作节点位置号为0，其他工作的节点位置号等于其紧前工作的节点位置号最大值加1。

（3）根据节点位置号和逻辑关系绘制出网络图。

（二）单代号网络图关键工作与关键线路的确定

（1）利用关键工作确定关键线路。

总时差最小的工作为关键工作。这些关键工作相连，保证相邻两项工作之间的时间间隔为零而构成的线路就是关键线路。

（2）利用相邻两项工作之间的时间间隔，确定关键线路。

（3）利用总持续时间确定关键线路，线路上工作总持续时间最长的线路为关键线路。

三、网络计划的优化

编制网络进度计划时，先编制成一个初始方案，然后检查计划是否满足工期控制要求，是否满足人力、物力、财力等资源控制条件，以及能否以最小的消耗取得最大的经济效益。这就要对初始方案进行优化调整。

网络计划优化，就是在满足既定的约束条件下，按某一目标，通过不断调整寻求最优网络计划方案的过程，包括工期优化、费用优化和资源优化。

（一）工期优化

网络计划的计算工期与计划工期若相差太大，为了满足计划工期，则需要对计算工期进行调整：当计划工期大于计算工期时，应放缓关键线路上各项目的延续时间，以减少资源消耗强度；当计划工期小于计算工期时，应紧缩关键线路上各项目的延续时间。

工期优化的步骤如下：

（1）找出网络计划中的关键工作和关键线路（如采用标号法），并计算工期。

（2）按计划工期计算应压缩的时间 ΔT。

（3）选择被压缩的关键工作，在确定优先压缩的关键工作时，应考虑以下几个因素：

1）缩短工作持续时间后，仍对质量和安全影响不大的关键工作。

2）有充足资源的关键工作。

3）缩短工作的持续时间所需增加的费用最少。

（4）将优先压缩的关键工作压缩到最短的工作持续时间，并找出关键线路和计算出网络计划的工期；如果被压缩的工作变成了非关键工作，则应将其工作持续时间延长，使之仍然是关键工作。

（5）若已达到工期要求，则优化完成。若计算工期仍超过计划工期，则按上述步骤依次压缩其他关键工作，直到满足工期要求或工期已不能再压缩为止。

（6）当所有关键工作的工作持续时间均已经达到最短工期仍不能满足要求时，应对计划的技术、组织方案进行调整，或对计划工期重新审定。

（二）费用优化

费用优化又称工期成本优化，是指寻求工程费用最低时对应的总工期，或按要求工期寻求成本最低的计划安排过程。

工程总费用由直接费和间接费组成。直接费由人工费、材料费、机械费、措施费等组成。直接费一般与工作时间成反比关系，即增加直接费，如采用技术先进的设备、增加设备和人员、提高材料质量等都能缩短工作时间；相反，减少直接费则会使工作时间延长。间接费包括与工程相关的管理费、占用资金应付的利息、机动车辆费等。间接费一般与工作时间成正比，即工期越长，间接费越高；工期越短，间接费越低。

对于一个施工项目而言，工期的长短与该项目的工程量、施工方案条件有关，并取决于关键线路上各项作业时间之和，关键线路又由许多持续时间和费用各不相同的作业组成。当缩短工期到某一极限时，无论费用增加多少，工期都不能再缩短，这个极限对应的时间称为强化工期，其对应的费用称为极限费用，此时的费用最高。反之，若延长工期，则直接费用减少，但将时间延长至某一极限时，无论怎样增加工期，直接费用都不会减少，此时的极限对应的时间叫作正常工期，对应的费用叫作正常费用。将正常工期对应的费用和强化工期对应的费用连成一条曲线，称为费用曲线或 ATC 曲线。其中 ATC 曲线为一直线，这样单位时间内费用的变化就是一常数，把这条直线的斜率（即缩短单位时间所需的直接费）称为直接费率。不同作业的费率是不同的，费率越大，意味着作业时间缩短一天，所增加的费用越大，或作业时间增加一天，所减少的费用越多。

（三）网络图及网络图应用

1. 网络图基本概念

网络图是指网络计划技术的图解模型，用于反映整个工程任务的分解和合成。分解，是指对工程任务的划分；合成，是指解决各项工作的协作与配合。分解和合成是解决各项工作之间，按逻辑关系的有机组成。绘制网络图是网络计划技术的基础工作。网络图是由箭线（用一端带有箭头的实线或虚线表示）和节点（用圆圈表示）组成，用来表示工程或任务进行顺序的有向、有序的网状图形。在网络图上加注工作的时间参数，就形成了网络进度计划（一般简称网络计划）。

与横道图相比，网络图具有如下优点：网络图把施工过程中的各有关工作组成了一个有机的整体，能全面而明确地表达出各项工作开展的先后顺序并反映出各项工作之间的相互制约和相互依赖的关系；能进行各种时间参数的计算；在名目繁多、错综复杂的计划中找出决定工程进度的关键工作，便于计划管理者集中力量抓主要矛盾、确保工期，避免盲目施工；能够从多个可行方案中，选出最优方案；在计划执行过程中，某一工作由于某种原因推迟或者提前完成时，可以预见到它对整个计划的影响程度，而且能够根据变化了的情况，迅速进行调整，保证对计划的有效控制和监督；利用网络计划中反映出的各项工作的时间储备，可以更好地调配人力、物力，达到降低成本的目的；网络图的出现与发展使现代化的计算工具电子计算机在建筑施工计划管理中得以应用。

网络计划技术的缺点：在计算劳动力、资源消耗量时与横道图相比较为困难。

网络计划技术主要内容包括：

（1）时间参数。

在实现整个工程任务过程中，包括人、事、物的运动状态。这种运动状态都是通过转化为时间函数来反映的。反映人、事、物运动状态的时间参数包括：各项工作的作业时间、开工与完工的时间、工作之间的衔接时间、完成任务的机动时间及工程范围和总工期等。

（2）关键路线。

通过计算网络图中的时间参数，求出工程工期并找出关键路径。在关键路线上的作业称为关键作业，这些作业完成的快慢直接影响着整个计划的工期。在计划执行过程中关键作业是管理的重点，在时间和费用方面则要严格控制。

（3）网络优化。

网络优化，是指根据关键路线法，通过利用时差，不断改善网络计划的初始方案，在满足一定的约束条件下，寻求管理目标达到最优化的计划方案。网络优化是网络计划技术的主要内容之一，也是较之其他计划方法优越的主要方面。

网络计划技术一般应用步骤：

第一步，确定目标。

确定目标，是指决定将网络计划技术应用于哪一个工程项目，并提出对工程项目和相关技术经济指标的具体要求。如在工期方面、成本费用方面要达到什么要求。依据企业现有的管理基础，掌握各方面的信息和情况，利用网络计划技术为实现工程项目，寻求最合适的方案。

第二步，项目分解，列作业明细。

一个工程项目是由许多作业组成的，在绘制网络图前就要将工程项目分解成各项作业。作业项目划分的粗细程度视工程内容以及不同单位要求而定，通常情况下，作业所包含的内容多，范围大多可分粗些，反之细些。作业项目分得细，网络图的结点和箭线就多。对于上层领导机关，网络图可绘制得粗些，主要是为了通观全局、分析矛盾、掌握关键、协调工作、进行决策；对于基层单位，网络图就可绘制得细些，以便具体组织和指导工作。在工程项目分解成作业的基础上，还要进行作业分析，以便明确先行作业（紧前作业）、平行作业和后续作业（紧后作业）。即在该作业开始前，哪些作业必须先期完成，哪些作业可以同时平行地进行，哪些作业必须后期完成，或者在该作业进行的过程中，哪些作业可以与之平行交叉地进行。

在划分作业项目后便可计算和确定作业时间。一般采用单点估计或三点估计法，然后一并填入明细表中。

第三步，绘网络图，进行结点编号。

根据作业时间明细表，可绘制网络图。网络图的绘制方法有顺推法和逆推法。

（1）顺推法：从始点时间开始根据每项作业的直接紧后作业，顺序依次绘出各项作业的箭线，直至终点事件为止。

（2）逆推法：从终点时间开始，根据每项作业的紧前作业逆箭头前进方向逐一绘出各项作业的箭线，直至始点时间为止。

　　同一项任务，用上述两种方法画出的网络图是相同的。一般习惯于按反工艺顺序安排计划的企业，如机器制造企业，采用逆推较方便，而建筑安装等企业，则大多采用顺推法。按照各项作业之间的关系绘制网络图后，要进行结点的编号。

　　第四步，计算网络时间，确定关键路线。

　　根据网络图和各项活动的作业时间，就可以计算出全部网络时间和时差，并确定关键线路。具体计算网络时间并不太难，但比较烦琐。在实际工作中影响计划的因素很多，要耗费很多的人力和时间。因此，只能采用电子计算机才能对计划进行局部或全部调整，这也为推广应用网络计划技术提出了新内容和新要求。

　　第五步，进行网络计划方案的优化。

　　找出关键路径，也就初步确定了完成整个计划任务所需要的工期。这个总工期，是否符合合同或计划规定的时间要求，是否与计划期的劳动力、物资供应、成本费用等计划指标相适应，需要进一步综合平衡，通过优化，择取最优方案。然后正式绘制网络图，编制各种进度表以及工程预算等各种计划文件。

　　第六步，网络计划的贯彻执行。

　　编制网络计划仅仅是计划工作的开始。计划工作不仅要正确地编制计划，更重要的是组织计划的实施。网络计划的贯彻执行，要发动群众讨论计划，加强生产管理工作，采取切实有效的措施，保证计划任务的完成。在应用电子计算机的情况下，可以利用计算机对网络计划的执行进行监督、控制和调整，只要将网络计划及执行情况输入计算机，它就能自动运算、调整，并输出结果，以指导生产。

　　2.网络图的表示方法

　　网络计划的形式主要有双代号与单代号两种，此外，还有时标网络与流水网络等。

　　（1）双代号网络图。

　　用一条箭线表示一项工作（或工序），在箭线首尾用节点编号表示该工作的开始和结束，其中，箭尾节点表示该工作开始，箭头节点表示该工作结束，用"箭尾节点号码 i——箭头节点号码 j"代表该工作。根据施工顺序和相互关系，将一项计划的所有工作用上述符号从左至右绘制而成的网状图形，称为双代号网络图，用这种网络图表示的计划叫作双代号网络计划。

　　双代号网络图是由箭线、节点和线路三个要素所组成的，现将其含义和特性分述如下：

　　1）箭线。

　　在双代号网络图中，一条箭线表示一项工作。需要注意的是，根据计划编制的粗细不同，工作所代表的内容、范围是不一样的，但任何工作（虚工作除外）都需要占用一定的时间，并消耗一定的资源（如劳动力、材料、机械设备等）。因此凡是占用一定时间的施工活动，例如基础开挖、混凝土浇筑、混凝土养护等都可以看作为一项工作。

2）节点。

网络图中表示工作开始、结束或连接关系的圆圈称为节点。节点仅为前后工作的交接之点，只是一个"瞬间"，它既不消耗时间，也不消耗资源。

网络图的第一个节点称为起始节点，它表示一项计划（或工程）的开始；最后一个节点称为终点节点，它表示一项计划（或工程）的结束。其他节点称为中间节点。任何一个中间节点既是其前面各项工作的结束节点，又是其后面各项工作的开始节点。因此，中间节点可反映施工的形象进度。

节点编号的顺序是：从起点节点开始，依次向终点节点进行。编号的原则是：每一条箭线的箭头节点编号必须大于箭尾节点编号，并且所有节点的编号不能重复出现。

3）线路。

在网络图中，顺箭线方向从起点节点到终点节点所经过的一系列箭线和节点组成的可通路径称为线路。一个网络图可能只有一条线路，也可能有多条线路，各条线路上所有工作持续时间的总和称为该条线路的计算工期。其中工期最长的线路称为关键线路（即主要矛盾线），其余线路称为非关键线路。位于关键线路上的工作称为关键工作，位于非关键线路上的工作称为非关键工作。关键工作完成的快慢直接影响整个计划的总工期。关键工作在网络图上通常用粗箭线、双箭线或红色箭线表示。当然，在一个网络图上，有可能出现多条关键线路，但它们的计算工期肯定相等。

在网络图中，关键工作的比重不宜过大，这样才有助于工地指挥者集中力量抓好主要矛盾。关键线路与非关键线路、关键工作与非关键工作，在一定条件下可以相互转化。例如，当采取了一定的技术组织措施，缩短了关键线路上有关工作的作业时间，或使其他非关键线路上有关工作的作业时间延长，就可能出现这种情况。

（2）单代号网络图。

单代号网络图也由许多节点和箭线组成，但是节点和箭线的意义与双代号网络图有所不同。单代号网络图的一个节点代表一项工作，而箭线仅表示各项工作之间的逻辑关系；所以箭线既不占用时间，也不消耗资源。用这种表示方法，把一项计划的所有施工过程按其先后顺序和逻辑关系从左至右绘制成的网状图形，叫作单代号网络图。用这种网络图表示的计划叫作单代号网络计划。

单代号网络图与双代号网络图相比，具有如下优点：工作之间的逻辑关系更为明确，易于表达，且没有虚工作；网络图绘制简单，便于检查、修改。所以国内单代号网络图正得到越来越广泛的应用，而国外单代号网络早已取代双代号网络。

（四）网络图时间参数及计算

网络图时间参数计算的目的在于确定网络图上各项工作和各节点的时间参数，为网络计划的优化、调整和执行提供明确的时间概念。网络图时间参数计算的内容主要包括：各个节点的最早时间和最迟时间；各项工作的最早开始时间、最早结束时间、最迟开始时间、最迟完成时间；各项工作的有关时差以及关键线路的持续时间。

网络图时间参数的计算方法有很多，一般常用的有分析计算法、图上计算法、表上计算法、矩阵计算法和电算法等。不管采用哪种计算方法，工作持续时间计算是基础。

1. 网络图时间参数

（1）工作持续时间。

工作持续时间的计算一般采用单一时间计算法或三时估计法计算。

1）单一时间计算法。

组成网络图的各项工作可变因素少，具有一定的时间消耗统计资料，因而能够确定出一个肯定的时间消耗值。

单一时间计算法主要根据劳动定额、预算定额、施工方法、投入劳动力、机械和资源量等资料进行确定。计算公式如下：

$$D_{i-j} = \frac{Q}{S \times R \times n}$$

式中：

D_{i-j}——完成 $i-j$ 项工作的持续时间（小时、天、周……）；

Q——该项工作的工程量；

S——产量定额；

R——投入 $i-j$ 工作的人数或机械台班；

n——工作班次。

2）三时估计法。

组成网络图的各项工作可变因素多，不具备一定的时间消耗统计资料，因而不能确定出一个肯定的单一的时间值。只有根据概率统计方法，估计出三个时间值，即最短、最长和最可能持续时间，再加权平均算出一个期望值作为工作的持续时间。

工作持续时间按下式确定：

$$D_{i-j} = \frac{a + 4c + b}{6}$$

式中：

a——最短估计时间，是指按最顺利条件估计的，完成某项工作所需要的持续时间；

b——最长估计时间，是指按最不利条件估计的，完成某项工作所需要的持续时间；

c——最可能估计时间，是指按正常条件估计的，完成某项工作所需要的持续时间。

本方法计算的基础是概论统计基本理论。

（2）时间参数。

1）节点最早时间。

节点最早时间是指双代号网络技术中，以该节点为开始节点的各项工作的最早开始时间。用 ET_i 来表示 i 节点的最早时间。计算应从网络图的起节点开始，顺着箭线方向依次逐项计算，符合下列计算规则：

①起点节点规定最早时间为零。

②中间节点、终结节点最早时间按公式计算。

$$ET_j = \max\left\{ET_i + D_{i-j}\right\}$$

2）节点最迟时间。

节点最迟时间是指双代号网络计划中，以该节点完成节点的各项工作的最迟完成时间。节点 i 的最迟时间用符号 ET_i 表示。

节点最迟时间计算从网络图终点节点开始，逆着箭线方向依次逐项计算，当部分工作分期完成时，有关节点的最迟时间必须从分期完成节点开始逆向逐项计算。计算符合下列计算规则：

①终点节点 n 的最迟时间应按网络计划的计划工期 TP 确定。数值上等于计划工期。分期完成节点的最迟时间应该等于该节点规定的分期完成时间。

②其他节点 i 的最迟时间 LT_i 按公式计算。

$$LT_i = \min\left\{LT_j + D_{i-j}\right\}$$

2.网络图时间参数计算方法

（1）工作计算法。

工作计算法是目前比较常用的计算方法之一。其具体步骤如下：

第一步，确定工作最早开始时间。开始工作最早时间为零，其他依次按照下式确定。

$$ES_{ij} = \max\left\{ES_{hi} + D_{hi}\right\}$$

第二步，确定工作最早完成时间。工作最早完成时间依据最早开始时间和工作持续时间计算。

第三步，确定工作最迟完成时间，最后工作最迟完成时间为计划工期，其余最迟完成工作按照下式计算。

$$LF_{ij} = \min\left\{LF_{jk} + D_{jk}\right\}$$

第四步，确定工作最迟开始时间，工作最迟开始时间依据工作最迟完成时间和工作持续时间计算。

第五步，确定总时差。

第六步，确定自由时差。

第七步，确定关键线路和关键工作。

（2）节点计算法。

节点计算法计算步骤和工作计算法类似，不同点是工作最早开始时间的确定和工作最迟完成时间的确定依据工作节点时间参数确定。节点时间参数计算按前述公式确定。工作最早开始时间等于前节点最早时间，工作最迟完成时间等于后节点最迟时间。其余参数计算同工作计算法。

第四章　水利工程的招标与投标管理

近年来，水利工程建设已取得了一定的成效，但仍存在一定的问题。在对水利工程建设进行管理的过程中，需要提高对水利工程建设项目招标投标管理的重视程度，促进管理工作的多样化，保证水利工程建设招标投标管理的合理性。

第一节　水利工程招标与投标概述

一、概念

（一）招标

招标是指招标人对货物、工程和服务，事先公布采购的条件和要求，邀请投标人参加投标，招标人按照规定的程序确定中标人的行为。

招标方式分为公开招标和邀请招标两种。

公开招标，指招标人以招标公告的方式，邀请不特定的法人或其他组织投标。其特点是能保证竞争的充分性。

邀请招标，指招标人以投标邀请书的方式，邀请三个以上特定的法人或其他组织投标。对其使用法律做出了限制性规定。

1.招标人

招标人是指依照招标投标法的规定提出招标项目，进行招标的法人或其他组织。招标人不得为自然人。

招标人应当具备以下进行招标的必要条件：第一，应有进行招标项目的相应资金或已落实资金来源，并应当在招标文件中如实载明；第二，招标项目按规定履行审批手续的，应先履行审批手续并获得批准。

2.招标程序

（1）招标公告与投标邀请书。

公开招标的，应在国家指定的报刊、网络或其他媒介发布招标公告。招标公告应载明：招标人的名称和地址、招标项目的性质数量、实施地点和时间以及获得招标文件的办法等事项。

邀请招标的，应向三个以上具备承担招标项目能力、资信良好的特定法人或组织发出投标邀请书。投标邀请书应载明的事项与招标公告应载明的事项相同。

（2）对投标人的资格审查。

由于招标项目一般都是大中型建设项目或技术复杂项目，为了确保工程质量以及避免招标工作上中浪费财力和时间，招标人可以要求潜在投标人提供有关资质证明文件和业绩情况，并对其进行资格审查。

（3）编制招标文件。

招标文件是要邀请内容的具体化。招标文件要根据招标项目的特点进行编制，还要涵盖法律规定的共性内容：招标项目的技术要求、投标人资格审查标准、投标报价要求、评标标准等所有实质性要求和条件以及拟签订合同的主要条款。

招标文件不得要求或标明特定的生产供应商，不得含有排斥潜在投标人的内容及含有排斥潜在投标人倾向的内容。不得透露已获得的潜在投标人的可能影响公平竞争的情况，设有标底的标底必须保密。

（二）投标

投标是指投标人按照招标人提出的要求和条件回应合同的主要条款，参加投标竞争的行为。

1. 投标人

投标人是指响应招标、参加投标竞争的法人或其他组织，依法招标的科研项目允许个人参加投标。投标人应当具备承担招标项目的能力，有特殊规定的，投标人应当具备规定的资格。

2. 投标文件的编制

投标人应当按照招标文件的要求编制投标文件，且投标文件应当对招标文件提出的实质性要求和条件做出响应。涉及中标项目分包的，投标人应当在投标文件中载明，以便在评审时了解分包情况，决定是否选中该投标人。

3. 联合体投标

联合体投标，是指两个以上的法人或其他组织共同组成一个非法人的联合体，以该联合体名义作为一个投标人，参加投标竞争。联合体各方均应当具备承担招标项目的相应能力，由同一专业的单位组成的联合体，按照资质等级较低的单位确定资质等级。

在联合体内部，各方应当签订共同投标协议，并将共同投标协议连同投标文件一并提交招标人。联合体中标后，应当由各方共同与招标人签订合同，就中标项目向招标人承担连带责任。招标人不得强制投标人联合共同投标，投标人之间的联合投标应出于自愿。

4. 禁止行为

投标人不得相互串通投标或与招标人串通投标；不得以行贿的手段谋取中标；不得以低于成本的报价竞标；不得以他人名义投标或其他方式弄虚作假，骗取中标。

二、招投标的起源

招标投标最早起源于 230 多年前市场经济比较发达的英国。资本主义国家的购买市场按照购买人的标准可分为公共市场和私人市场，相应地，采购行为也分为公共采购行为和私人采购行为。私人采购行为的方法和程序一般不受约束（除非涉及国家和公共利益）。政府机构和公用事业部门进行公共采购的开支来源主要是税收，来源于广大的纳税人。因此如何管好、用好纳税人的钱关系到对公众负责的问题。政府和公共事业部门有义务保证其采购行为合理、有效、公平，保证其采购行为公开、透明、公正，保证其采购产品的质量和服务的优良。在这种情况下，招标投标应运而生。

英国于 1782 年首先设立了皇家文具采购局，它作为办公用品采购的官方机构，采用了公开招标这种形式。该部门后来发展为物资供应部，专门负责采购政府各部门所需物资。由于招标投标制度具有公开、公平、公正的特点，招标竞争是政府采购的核心原则，因此它在许多国家都得到蓬勃发展，不少国家都效仿成立了专门机构，或者通过制定专项法律确定了招标采购的法律地位。美国、法国、比利时、瑞士、新加坡、韩国、日本等国家的法规中都有关于招标投标的详细规定。

1861 年，美国制定的一项法案要求每一项采购至少有三个投标人；1868 年，美国国会又通过立法确立公开开标和公开授予合同的程序；1947 年，美国以《武装部队采购法》确立了国防采购的方法和程序；1949 年，美国国会又通过《联邦财产与行政服务法》，该法为联邦服务总署提供了统一的采购政策和方法。美国联邦政府招标采购的商品和劳务在生产中的总值从 1948 年的 12% 上升至 20 世纪 60 年代的 23%，而 80 年代政府采购总额已达 3000 亿美元。

韩国于 1995 年先后制定了《政府合同法》《政府合同法实施细则》等一系列有关招标投标的法规；新加坡于 1997 年加入关贸总协定后，政府采购实行《政府采购协定》，并制定了《政府采购法案》，对招标投标做了较为详细的规定。

从工程承包的国际市场看，公开招标是工程承包的一种最常用方式之一。1957 年，国际咨询工程师联合会（FIDIC）在总结各国实践的基础上，首次编制出版了标准的《土木工程施工合同条件格式》，专门用于国际工程项目。1963 年、1977 年又分别出版了第二版和第三版。1987 年在瑞士洛桑举行的 FIDIC 年会上发行了第四版。1999 年，FIDIC 根据不断变化发展的新形势又重新编写了新版《施工合同条件》，即 1999 年第 1 版。1999版包括四种合同条件，分别为：用于由雇主设计的建筑和工程的《施工合同条件》；用于由承包商设计的电气和机械设备以及建筑和工程的《生产设备和设计施工合同条件》，以及《设计采购施工（EPC）/ 交钥匙工程合同条件》；用于多种管理方式的各类工程项目和建筑工程的《简明合同格式》。这些《合同条件》以招标承包制为基础，规定了工程承包过程中的管理条件和承发包双方的权利义务，由于《合同条件》具有规范、公平、公正的特点，目前已广泛应用于国际建筑工程市场。

第二节 水利工程招标一般程序与编制

一、招标过程

（一）施工招标应具备的条件

水利水电工程项目招标前应当具备以下条件：

（1）具备项目法人资格（或法人资格）。

（2）初步设计和概算文件已经审批。

（3）工程已正式列入国家或地方水利工程建设计划，业主已按规定办理报价手续。

（4）建设资金已经落实。

（5）有关建设项目永久性征地、临时征地和移民搬迁的实施安置工作已经落实或有明确的安排。

（6）施工图设计已完成或能够满足招标（编制招标文件）的需要，并能够满足工程开工后连续施工的要求。

（7）招标文件已经编制并通过了审查，监理单位已经选定。

重视和充分注意施工招标的基本条件，对于搞好招标工作，特别是保障合同的正常履行是很重要的。忽视或没有认真做好这一点，将会严重影响施工的连续性和合同的严肃性，并且给建设方造成不必要的施工索赔，严重者还会给国家和社会造成重大损失。

（二）施工招标的基本程序

招标程序主要包括招标准备、组织投标、评标定标等三个阶段。在准备阶段应附带编制标底，在组织投标阶段需要审定标底，在开标会上还要公布标底。

（三）招标的组织机构及职能

成立办事得力、工作效率高的招标组织机构是有效地开展招标工作的先决条件。一个完整的招标组织机构应当包括决策机构与日常机构两个部分。

1.决策机构及工作职能

招标的决策机构一般由政府设立，通常称为招标办公室。要充分发挥业主的自主决策作用，转变政府职能，认真落实业主招标的自主决策权，由业主自己根据项目的特点、规模和需要来选择招标的日常机构人选。通常决策机构的工作职能如下：

（1）确定招标方案，包括制订招标计划、合理划分标段等工作。

（2）确定招标方式，即根据法律法规和项目的特点，确定拟招标的项目是采用公开招标方式还是邀请招标方式。

（3）选定承包方式（即承包合同形式），根据工程结构特点和管理需要确定招标项目的计价方式，是采用总价合同、单价合同，还是采用成本加酬金合同的合同形式。

（4）划分标段，根据工程规模结构特点、要求工期以及建筑市场竞争程度确定各个标段的承包范围。

（5）确定招标文件的合同参数，根据工程技术难易程度、工程发挥效益的规划时间的要求，确定各个合同段工程的施工工期、预付款比例、质量缺陷责任期保留金比例、延迟付款利息的利率、拖期损失赔偿金或按时竣工奖金的额度、开工时间等。

（6）根据招标项目的需要选择招标代理单位，当业主自己没有能力或人员不足时可以选择具有资质的中介机构代为行使招标工作，对有意向的投标人进行资格预审，通过资格预审确定符合要求的投标单位，评标定标时依法组建评标委员会，依法确定中标单位。

2. 日常机构及工作职能

招标的日常机构又称招标单位，其工作职能主要包括准备招标文件和资格预审文件、组织对投标单位进行资格预审、发布招标广告和投标邀请书、发售招标文件、组织现场考察、组织标前会议、组织开标评标等事宜。日常工作可由业主自己来组织，也可委托专业监理单位或招标代理单位来承担。

根据规定，当业主具备编制招标文件和组织评标的能力时，可以自行办理招标事宜，但必须向有关行政监督主管部门备案。

当业主不具备上述能力时，有权自行选择招标代理机构，委托其办理招标事宜。这种代理机构就是依法成立的、专门从事技术咨询服务工作的社会中介组织，通常称为招标代理公司，成立的门槛比较低，对注册资金要求不高，但是对技术能力要求较高。能否具有从事建设项目招标代理的中介服务机构的资格，是需要通过国务院或省级人民政府的建设行政主管部门认定的。具备了以下条件就可以申请成立中介服务机构：

（1）有从事招标代理业务的场所和相应资金。

（2）有能够编制招标文件和组织评标的相应专业力量。

（3）有符合法定条件、可以作为评标委员会人选的技术、经济等方面的专家库。

由于施工招标是合同的前期管理（合同订立）工作，而施工监理是合同履行中的管理工作，监理工程师参加招标工作或者将整个招标工作都委托给监理单位承担，对搞好工程施工监理工作是非常有益的，国际上通常也是这样操作的。因此，选择监理单位的招标工作或选聘工作应当在施工招标前完成。为了更好地实现业主利益最大化和顺利完成日后的工程施工活动的管理工作，采用招标的方式确定监理单位对于业主单位更有利。

（四）承包合同类型

对于施工承包合同，根据其计价的不同，可以划分为总价合同、单价合同、成本加酬金合同三种主要形式。

1. 总价合同

总价合同是按施工招标时确定的总报价一笔包死的承包合同。招标前由招标单位编制了详细的、施工图纸完备的招标文件，承包商据此中标的投标总报价来签订的施工合同。合同执行过程中不对工程造价进行变更，除非合同范围发生了变化，例如施工图出现变更或工程难度加深等，否则合同总价保持不变。

总价合同的特点是业主的管理工作量较少，施工任务完成后的竣工结算相对简单，投资标的明确。施工开始前，建设方能够比较清楚地知道需要承担的资金义务，以便提早做好资金准备工作。但总价合同的可操作性较差，一旦出现工程变更，就会出现结算工作复杂化甚至没有计价依据的现象，其结果是合同价格需要另行协商，招标成果不能有效地发挥作用。此外，这种合同对承包商而言其风险责任较大，承包商为承担物价上涨、恶劣气候等不可预见因素的应变风险，会在报价中加大不可预见费用，不利于降低总报价。

因此，总价合同对施工图纸的质量要求很高，只适用于施工图纸明确、工程规模较小且技术不太复杂的中小型工程。

2. 单价合同

常见的单价合同是总价招标、单价结算的计量型合同。招标前由招标单位编制包含工程量清单的招标文件，承包商根据该文件提出各工程细目的单价和根据投标工程量（不等于项目总工程量）计算出来的总报价，业主根据总报价的高低确定中标单位，进而同该中标单位签订工程施工承包合同。在合同执行过程中，单价原则上不变，完成的工程量根据计量结果来确定。单价合同的特点是合同的可操作性强，对图纸质量和设计深度的适应范围广，特别是合同执行过程中，便于处理工程变更和施工索赔（即使出现工程变更，依然有计价依据），合同的公平性更好，承包商的风险责任小，有利于降低投标报价。但这种合同对业主的管理工作量较大，且对监理工程师的素质有很高的要求（否则，合同的公平性难以得到保证）。此外，业主采用这种合同时，易遭受承包商不平衡报价带来的造价增加风险。值得注意的是，单价合同中所说的总价是指业主为了招标需要，对项目工程所指定部分工程量的总价，并非项目工程的全部工程造价。

3. 成本加酬金合同

成本加酬金合同的基本特点是按工程实际发生的成本（包括人工费、施工机械使用费、其他直接费和施工管理费以及各项独立费，但不包括承包企业的总管理费和应缴所得税），加上商定的总管理费和利润，来确定工程总造价。这种承包方式主要适用于开工前对工程内容尚不十分清楚的项目，例如边设计边施工的紧急工程，或遭受地震、战火等灾害破坏后需修复的工程。实践中可有以下四种不同的具体做法：

（1）成本加固定百分比酬金法。

计算方法可用下式说明

$$C = C_d (1 + P)$$

式中：

C——总造价；

C_d——实际发生的工程成本；

P——固定的百分数。

从公式中可以看出，总造价 C 将随工程成本 C_d 的增加而增加，显然不能鼓励承包商关心缩短工期和降低成本，因而对建设单位的投资控制是不利的。现在这种承包方式已很少被采用。

（2）成本加固定酬金。

工程成本实报实销，但酬金是事先商定的一个固定数目。计算式为

$$C = C_d + F$$

式中 F——酬金，通常按估算的工程成本的一定百分比确定，数额是固定不变的；

其他符号意义同前。

这种承包方式虽然不能鼓励承包商关心降低成本；但从尽快取得酬金出发，承包商将会关心缩短工期，这是其可取之处。

（3）成本加浮动酬金。

这种承包方式要事先商定工程成本和酬金的预期水平。如果实际成本恰好等于预期水平，工程造价就是成本加固定酬金；如果实际成本低于预期水平，则增加酬金；如果实际成本高于预期水平，则减少酬金。这三种情况可用算式表示如下

$$C = C_d + F + \Delta F$$

式中 ΔF——酬金增减部分，可以是一个百分数，也可以是一个固定的绝对数；

其他符号意义同前。

采用这种承包方式时，通常规定，当实际成本超支而减少酬金时，以原定的固定酬金数额为减少的最高限度。也就是在最坏的情况下，承包人将得不到任何酬金，但不必承担赔偿超支的责任。这种承包方式既对承发包双方都没有太多风险，又能促使承包商关心降低成本和缩短工期；但在实践中估算预期成本比较困难，要求当事双方具有丰富的经验。

（4）目标成本加奖罚。

在仅有初步设计和工程说明书即迫切要求开工的情况下，可根据粗略估算的工程量和适当的单价表编制估算，作为目标成本；随着详细设计逐步具体化，工程量和目标成本可加以调整，另外规定一个百分数作为酬金；最后结算时，如果实际成本高于目标成本并超过事先商定的界限（例如 5%），则减少酬金，如果实际成本低于目标成本（也有一个幅度

界限），则增加酬金。用算式表示如下

$$C = C_d + P_1C_0 + P_2\left(C_0 - C_d\right)$$

式中：

C_0——目标成本；

P_1——基本酬金百分数；

P_2——奖罚百分数；

其他符号意义同前。

此外，还可另加工期奖罚。

这种承包方式可以促使承包商关心降低成本和缩短工期，而且目标成本是随设计的进展调整才确定下来的，故建设单位和承包商双方都不会承担多大风险，这是其可取之处。当然，也要求承包商和建设单位的代表都须具有比较丰富的经验。

4.承包合同类型的选择

以上是根据计价方式不同常见的三种施工承包类型。科学地选择承包方式对保证合同的正常履行，搞好合同管理工作是十分重要的。施工招标中到底采用哪种承包方式，应根据项目的具体情况选定。

（1）总价合同宜采用的情况。

1）业主的管理人员较少或业主缺乏项目管理的经验。

2）监理制度不太完善或缺少高水平的监理队伍。

3）施工图纸明确技术不太复杂、规模较小的工程。

4）工期较紧急的工程。

（2）单价合同宜采用的情况。

1）业主的管理人员多，且有较丰富的项目管理经验。

2）施工图设计尚未完成，要边组织招标，边组织施工图设计。

3）工程变更较多的工程。

4）监理队伍的素质较高，监理人员行为公正，监理制度完善。

（五）施工招标文件

1.编制要求

招标文件的编制是招标准备工作的一个重要环节，规范化的招标文件对于搞好招标投标工作至关重要。为满足规范化的要求，编写招标文件时，应遵循合法性、公平性和可操作性的编写原则。在此基础上，根据建设部要求，结合各个项目的具体情况和相应的法律法规的要求予以补充。根据范本的格式和当前招标工作的实践，施工招标文件应包括投标邀请书、投标人须知、合同条件、技术规范、工程量清单、图纸、勘察资料、投标书（及附件）、投标担保书（及格式）等。

因合同类型的不同，招标文件的组成有所差别。例如，对总价合同而言，招标文件中须包括施工图纸但无需工程量清单；而单价合同可以没有完整的施工图纸，但工程量清单必不可少。

2. 投标邀请书

投标邀请书是招标人向经过资格预审合格的投标人正式发出参加本项目投标的邀请，因此投标邀请书也是投标人具有参加投标资格的证明，而没有得到投标邀请书的投标人，无权参加本项目的投标。投标邀请书内容很简单，一般只要说明招标人的名称、招标工程项目的名称和地点、招标文件发售的时间和费用、投标保证金金额和投标截止时间、开标时间等。

3. 投标须知

投标须知是一份为让投标人了解招标项目及招标的基本情况和要求而准备的一份文件。其应包括本项目工程量情况及技术特点，资金来源及筹措情况，投标的资格要求（如果在招标之前已对投标人进行了资格预审，这部分内容可以省略），投标中的时间安排及相应的规定（如发售招标文件、现场考察、投标答疑、投标截止日期、开标等的时间安排），投标中须遵守和注意的事项（如投标书的组成、编制要求及密封和递送要求等），开标程序，投标文件的澄清，招标文件的响应性评定，算术性错误的改正，评标与定标的基本原则、程序、标准和方法。同时，在投标须知中还应当注明签订合同、重新招标、中标中止、履约担保等事项。

4. 合同条件

合同条件又被称为合同条款，主要规定了在合同履行过程中，当事人基本的权利和义务以及合同履行中的工作程序、监理工程师的职责与权力也应在合同条款中进行说明，目的是让承包商充分了解施工过程中将面临的监理环境。合同条款包括通用条款和专用条款，通用条款在整个项目中是相同的，甚至可以直接采用范本中的合同条款，这样既可节省编制招标文件的时间，又能保证合同的公平性和严密性（也便于投标单位节省阅读招标文件的时间）。

专用条款是对通用条款的补充和具体化，应根据各标段的情况来组织编写。但是在编写专用条款时，一定要满足合同的公平性及合法性的要求，以及合同条款具体明确和满足可操作性的要求。

5. 技术规范

技术规范是十分重要的文件，应详细具体地说明对承包商履行合同时的质量要求、验收标准、材料的品级和规格。为满足质量要求应遵守的施工技术规范，以及计量与支付的规定等。由于不同性质的工程，其技术特点和质量要求及标准等均不相同，所以技术规范应根据不同的工程性质及特点，分章、分节、分部、分项来编写。例如，水利工程的技术规范中，通常被分成了一般规定、施工导截流、土石方开挖、引水工程、钻孔与灌浆大坝、厂房、变电站等章节，并针对每一章节工程的特点，按质量要求、验收标准、材料规格、施工技术规范及计量支付等，分别进行规定和说明。

技术规范中施工技术的内容应简化，因为施工技术是多种多样的，招标中不应排斥承包商通过先进的施工技术降低投标报价的机会。承包商完全可以在施工中"八仙过海，各显神通"，采用自己所掌握的先进施工技术。

技术规范中的计量与支付规定也是非常重要的。可以说，没有计量与支付的规定，承包商就无法进行投标报价（编制单价），施工中也无法进行计量与支付工作。计量与支付的规定不同，承包商的报价也会不同。计量与支付的规定中包括计量项目、计量单位、计量项目中的工作内容、计量方法以及支付规定。

6. 工程量清单

工程量清单是招标文件的组成部分，是一份以计量单位说明工程实物数量，并与技术规范相对应的文件，它是伴随招标投标竞争活动产生的，是单价合同的产物。其作用有两点：一是向投标人提供统一工程信息和用于编制投标报价的部分工程量，以便投标人编制有效、准确的标价；二是对于中标签订合同的承包商而言，标有单价的工程量清单是办理中期支付和结算以及处理工程变更计价的依据。

根据工程量清单的作用和性质，它具有两种显著的特点：首先是清单的内容与合同文件中的技术规范、设计图纸一一对应，章节一致；其次是工程量清单与概预算定额有同有异，工程量清单所列数量与实际完成数量（结算数量）有着本质的差别，且工程量清单所列单价或总额反映的是市场综合单价或总额。

工程量清单主要由工程量清单说明、工程细目、计日工明细表和汇总表四部分组成。其中，工程量清单说明规定了工程量清单的性质、特点以及单价的构成和填写要求等。工程细目反映了施工项目中各工程细目的数量，它是工程量清单的主体部分。

工程量清单的工程量是反映承包商的义务量大小及影响造价管理的重要数据。在整理工程量时，应根据设计图纸及调查所得的数据，在技术规范的计量与支付方法的基础上进行综合计算。同一工程细目，其计量方法不同，整理出来的工程量会不一样。在工程量的整理计算中，应保证其准确性。否则，承包商在投标报价时会利用工程量的错误，在投标报价时实施不平衡报价、施工索赔等策略，给业主带来不可挽回的损失、增加工程变更的处理难度和投资失控等危害。

计日工是表示工程细目里没有，工程施工中需要发生，且得到工程师同意的工料机费用。根据工种、材料种类以及机械类别等技术参数分门别类编制的表格，称为计日工明细表。

而工程量清单汇总表是根据上述费用加上暂定金额编制的表格。

（1）投标书。

投标书是由招标人为投标人填写投标总报价而准备的一份空白文件。投标书中主要应反映下列内容：投标人、投标项目（名称）、投标总报价（签字盖章）、投标有效期。投标人在详细研究了招标文件并经现场考察工地后，即可以依据所掌握的信息，确定投标报价策略，然后通过施工预算和单价分析，填写工程量清单，并确定该项工程的投标总报价，最后将投标总报价填写在投标书上。招标文件中提供投标书格式的目的：一是为了保持各投标人递送的投标书具有统一的格式，二是提醒各投标人投标以后需要注意和遵守有关规定。

（2）投标书附录。

投标书附录是用于说明合同条款中的重要参数（如工期预付款等内容）及具体标准的招标文件。该文件在投标单位投标时签字确认后，即成为投标文件及合同的重要组成部分。在编制招标文件时，投标书附录的编制是一项重要的工作内容，其参数的具体标准对造价和质量等方面有重要影响。

（3）预付款的确定。

支付预付款的目的是使承包商在施工中，具有能满足施工要求的流动资金。制定招标文件时，不提供预付款，甚至要求承包商垫资施工的做法是错误的，既违反了工程项目招标投标的有关法律、法规的规定，也加大了承包商的负担，影响了合同的公平性。预付款有动员预付款和材料预付款两种，动员预付款于开工前（一般中标通知书签发后 28 天内），在承包商提交预付款担保书后支付，一般为 10% 左右；材料预付款是根据承包商材料到工地的数量，按某一百分数支付的。

8. 投标担保书

投标担保的目的是约束投标人承担施工投标行为的法律后果。其作用是约束投标人在投标有效期内遵守投标文件中的相关规定，在接到中标通知书后按时提交履约担保书，认真履行签订工程施工承包合同的义务。

投标担保书通常采用银行保函的形式，投标保证金额一般不低于投标报价的 2%。投标保证书的格式如下（为保证投标书的一致性，业主或招标人应在准备招标文件时，编写统一的投标担保书格式）。

（六）资格预审

投标人资格审查分为资格预审和资格后审两种形式。资格预审有时也称为预投标，即投标人首先对自己的资格进行一次投标。资格预审在发售招标文件之前进行，投标人只有在资格预审通过后才能取得投标资格，参加施工投标。而资格后审则是在评标过程中进行的。为减小评标难度，简化评标手续，避免一些不合格的投标人在投标上的人力、物力和财力上的浪费，投标人资格审查优先以资格预审形式。

资格预审具有如下积极作用：

（1）保证施工单位主体的合法性。

（2）保证施工单位具有相应的履约能力。

（3）减小评标难度。

（4）避免低价抢标现象。

无论是资格预审还是资格后审，其审查的内容是基本相同的。主要是根据投标须知的要求，对投标人的营业执照、企业资质等级证书、市场准入资格、主要施工经历、技术力量简况、资金或财务状况以及在建项目情况（可通过现场调查予以核实）等方面的情况进行符合性审查。

（七）投标组织阶段的组织工作

投标组织阶段的工作内容包括发售招标文件、组织现场考察、组织标前会议（标前答疑）、接受投标人的标书等事项。

发售招标文件前，招标人通常召开一个发标会，向全体投标人再次强调投标中应注意和遵守的主要事项。发售招标文件过程中，招标人要查验投标人代表的法人代表委托书（防止冒领文件），收取招标文件工本费，在投标人代表签字后，方可将招标文件交投标人清点。

在投标人领取招标文件并进行了初步研究后，招标人应组织投标人进行现场考察，以便投标人充分了解与投标报价有关的施工现场的地形、地质、水文、气象、交通运输，临时进出场道路及临时设施、施工干扰等方面的情况和风险，并在报价中对这些风险费用做出准确的估计和考虑。为了保证现场考察的效果，现场考察的时间安排通常应考虑投标人研究招标文件所需要的合理时间。在现场考察过程中，招标人应派比较熟悉现场情况的设计代表详细地介绍各阶段的现场情况，现场考察的费用由投标人自己承担。

组织标前会议的目的是解答投标人提出的问题。投标人在研究招标文件、进行现场考察后，会对招标文件中的某些地方提出疑问。这些疑问，有些是投标人不理解招标文件产生的，有些是招标文件的遗漏和错误产生的。根据投标人须知中的规定，投标人的疑问应在标前会议7天前提出。招标人应将各投标人的疑问收集汇总，并逐项研究处理。如属于投标人未理解招标文件而产生的疑问，可将这些问题放在"澄清书"中予以澄清或解释；再如属于招标文件的错误或遗漏，则应编制"招标补遗"对招标文件进行补充和修正。

总之，投标人的疑问应统一书面解答，并在标前会议中将"澄清书""补遗书"发给各家投标人。

根据规定，"招标补遗""澄清书"应当在投标截止日期前28天，书面通知投标人。因此，投标组织阶段的组织工作需要注意两方面：一方面，应注意标前会议的组织时间符合法律法规的规定；另一方面，当"招标补遗"有很多且对招标文件的改动较大时，为使投标人有合理的时间将"补遗书"的内容在编标时予以考虑，招标人（或业主）可视情况，宣布延长投标截止日期。

为了投标的保密，招标人一般使用投标箱（也有不设投标箱的做法），投标箱的钥匙由专人保管（可设双锁，分人保管钥匙），箱上加贴启封条。投标人投标时，将标书装入投标箱，招标人随即将盖有日期的收据交给投标人，以证明是在规定的投标截止日期前投标的。投标截止期限一到，立即封闭投标箱，在此以后的投标概不受理（为无效标书）。投标截止日期在招标文件或投标邀请书中已列明，投标期（从发售招标文件到投标截止日期）的长短视标段大小、工程规模技术复杂程度及进度要求而定，一般为 45~90 天。

（八）标底

标底是建筑产品在市场交易中的预期市场价格。在招标投标过程中，标底是衡量投标报价是否合理，是否具有竞争力的重要工具。此外，实践中标底还具有制止盲目报价、抑制低价抢标、工程造价、核实投资规模的作用，同时也具有（评标中）判断投标单位是否有串通哄抬标价的作用。

设立标底的做法是针对我国目前建筑市场发育状况和国情而采取的措施，是具有中国特色的招标投标制度的一个具体体现。

但是，标底并不是决定投标能否中标的标准价，而只是对投标进行评审和比较时的一个参考。如果被评为最低评标价的投标超过标底规定的幅度，招标人应调查超出标底的原因，如果是合理的话，该投标应有效；如果被评为最低评标价的投标大大低于标底的话，招标人也应调查，如果是属于合理成本价，该投标也应有效。

因此，科学合理地制定标底是搞好评标工作的前提和基础。科学合理的标底应具备以下经济特征：

（1）标底的编制应遵循价值规律，即标底作为一种价格应反映建设项目的价值。价格与价值相适应是价值规律的要求，是标底科学性的基础。因此，在标底编制过程中，应充分考虑建设项目在施工过程中的社会必要劳动消耗量、机械设备使用量以及材料和其他资源的消耗量。

（2）标底的编制应服从供求规律，即在编制标底时，应考虑建设市场的供求状况对产品价格的影响，力求使标底和产品的市场价格相适应。当建设市场的需求增大或缩小时，相应的市场价格将上升或下降。所以，在编制标底时，应考虑到建筑市场供求关系的变化所引起的市场价格的变化，并在底价上做出相应的调整。

（3）标底在编制过程中，应平均反映建筑市场当前先进的劳动生产力水平，即标底应反映竞争规律对建设产品价格的影响，通过标底促进投标竞争和社会生产力水平的提高。

以上三点既是标底的经济特征，也是编制标底时应满足的原则和要求。因此，标底的编制一般应注意以下几点：

（1）根据设计图纸及有关资料招标文件，参照国家规定的技术、经济标准定额及规范，确定工程量和设定标底。

（2）标底价格应由成本、利润和税金组成，一般应控制在批准的建设项目总概算及投资包干的限额内。

（3）标底价格作为招标人的期望价，应力求与市场的实际变化相吻合，要有利于竞争和保证工程质量。

（4）标底价格要考虑人工材料、机械台班等价格变动因素，还应包括施工不可预见费包干费和措施费等。要求工程质量达到优良的，还应增加相应费用。

（5）一个标段只能编制一个标底。

标底不同于概算、预算，概算、预算反映的是建筑产品的政府指导价格，主要受价值规律的作用和影响，着重体现的是过去平均施工企业先进的劳动生产力水平；而标底则反映的是建设产品的市场价格，它不仅受价值规律的影响，同时还会受市场供求关系的影响，主要体现的是施工企业当前平均先进的劳动生产力水平。

在不同的市场环境下，标底编制方法亦随之变化。通常，在完全竞争市场环境下，由于市场价格是一种反映了资源使用效率的价格，标底可直接根据建设产品的市场交易价格来确定。这样的环境条件中，议标是最理想的招标方式，其交易成本可忽略不计。然而，在不完全竞争市场环境下，标底编制要复杂得多，不能再根据市场交易价格予以确定，更不宜采用议标形式进行招标。此时，则应当根据工料单价法和统计平均法来进行标底编制。

（九）开标、评标与定标

1. 开标的工作内容及方法

开标的过程是启封标书、宣读标价并对投标书的有效性进行确认的过程。参加开标的单位有招标人、监理单位、投标人、公证机构、政府有关部门等。开标的工作人员有唱标人、记录人、监督人、公证人及后勤人员。开标日期一到，即在规定的时间、地点组织开标工作。开标的工作内容有：

（1）宣布（重申）投标人须知的评标定标原则、标准与方法。

（2）公布标底。

（3）检查标书的密封情况。按照规定，标书未密封、封口上未签字盖章的标书为无效标书；国际招标中要求标书有双层封套，且外层封套上不能有识别标志。

（4）检查标书的完备性。标书（包括投标书、法人代表授权书、工程量清单、辅助资料表施工进度计划等内容）、投标保证书（前列文件都要密封）以及其他要交回的招标文件。标书不完备，特别是无投标保证书的标书是无效标书。

（5）检查标书的符合性。即标书是否与招标文件的规定有重大出入或保留，是否会造成评标困难或给其他投标人的竞争地位造成不公正的影响；标书中的有关文件是否有投标人代表的签字盖章。标书中是否有涂改（一般规定标书中不能有涂改痕迹，特殊情况需要涂改时，应在涂改处签字盖章）等。

（6）宣读和确定标价，填写开标记录（有特殊降价申明或其他重要事项的，也应一起在开标中宣读确认或记录）。

除上述内容外，公证单位还应确认招标的有效性。在国际工程招标中，若遇到下列情况，在经公证单位公证后，招标人会视情况决定全部投标作废：

1）投标人串通哄抬标价，致使所有投标人的报价大大高出标底价。

2）所有投标人递交的标书严重违反投标人须知的规定，致使全部标书都是无效标书。

3）投标人太少（小于等于三家），没有竞争性。

一旦发现上述情况之一，正式宣布了投标作废，招标人应当依照招标投标法的规定，重新组织招标。

2. 评标与定标

评标定标是招投标过程中比较敏感的一个环节，也是对投标人的竞争力进行综合评定并确定中标人的过程，因此在评标与定标工作中，必须坚持公平竞争原则、投标人的施工方案在技术上可靠原则和投标报价应当经济合理原则。只有认真坚持上述原则，才能够通过评标与定标环节，体现招标工作的公开、公平与公正的竞争原则。综合市场竞争程度、社会环境条件（法律法规和相关政策）以及施工企业平均社会施工能力等因素，可以根据实际情况选用最低评标价法、合理评标价法或在合理评标价基础上的综合评分法，确定中标人。在我国市场经济体制尚未完善的条件下，上述三种方法各有其优缺点，在实践中应当扬长避短。我国土建工程招标投标的实践经验证明，技术含量高施工环节比较复杂的工程，宜采用综合评分法评标；而技术简单施工环节少的一般工程，可以采用最低标价的方法评标。

招标人或其授权评标委员会在评标报告的基础之上，从推荐的合格中标候选人中，确定出中标人的过程称为定标。定标不能违背评标原则、标准、方法以及评标委员会的评标结果。

当采用最低评标价评标时，中标人应是评标价最低，而且有充分理由说明这种低标是合理的，且能满足招标文件的实质性要求，为技术可靠、工期合理财务状况理想的投标人。当采用综合评分法评标时，中标人应是能够最大限度地满足招标文件中规定的各项综合评价标准且综合评分最高的单位。

在确定了中标人之后，招标人即可向中标人颁发"中标通知书"，明确其中标项目（标段）和中标价格（如无算术错误，该价格即为投标总价）等内容。

二、招标文件编制

1. 施工招标文件编制的依据

（1）国家有关招标投标的法律、行政法规部门规章、地方性法规规章和主管部门合法的规范性文件等。

（2）项目审批部门批准的初步设计报告批准文件或核准的施工图设计及其附件设计文本、图纸。

（3）国家和行业主管部门颁发的有关勘察设计规范、施工技术规范、行业规范、地方规范等。

（4）《合同法》和有关经济法规、质量法规、劳动法规、移民征地法规、安全生产法规、保险法规和规范性文件。

（5）招标人对招标项目的质量、进度、投资造价等控制性要求。

（6）招标人对工程创优、文明施工、安全、环保等方面的要求。

（7）招标人对招标项目的特殊技术、施工工艺等要求。

（8）施工招标前项目法人已经与有关单位和部门签订的合同文件。

2.施工招标文件的主要内容

（1）投标邀请书或投标通知书。

（2）投标须知。施工招标文件中，投标须知居于非常重要的地位，投标人必须对投标须知的每一条款都认真阅读。投标须知的主要内容包括：工程概况，招标范围和内容，资金来源，投标资格要求，联合体要求，投标费用和保密，招标文件的组成，招标文件的答疑要求，招标文件使用语言、投标文件的组成，是否允许替代方案、有何要求，投标报价要求，合同承包方式，投标文件有效期，投标保证金的形式要求、有效期和金额要求，现场考察要求，投标文件的包装份数、签署要求，投标文件的递交、截止时间地点规定，投标文件的修改与撤回规定，开标的时间、地点规定，开标评标的程序，评标过程的澄清，重大偏差的规定与认定，投标文件算术错误的修正，评标方法，重新招标或中止招标的规定，定标原则和时间规定，中标通知书颁发和合同签订的要求，履约保证金的规定，等等。

（3）合同条款，包括通用合同条款和专用合同条款。国家有关部门对许多建设项目都制定了规范的合同条款，供招标人使用。

根据水利部有关规定，大中型水利工程应该采用规定的合同条件。同时，水利部规定：除《合同条件》的"专用合同条款"中所列编号的条款外，通用合同条款的其他条款内容不得更动。因此，在大中型水利工程招标文件编制中使用合同条件时，通用合同条款不能修改，专用合同条款可结合招标项目的实际来修改和补充。

（4）投标报价要求及其计算方式。投标报价是评标委员会评标时的重要因素，也是投标人最关心的内容。因此，招标人或招标代理机构在招标文件中应事先规定报价的具体要求、工程量清单及说明、计算方法、报价货币种类等。水利工程基本上是报综合单价，即包括直接费、间接费、税金、利润、风险等。招标文件中还应注明合同类型（总价合同或是单价合同）、投标价格是否固定不变（如果可变，则应注明如何调整），以及价格的调整方法、调整范围、调整依据、调整数量的认定等，否则容易引起纠纷。

（5）合同协议书和投标报价书格式。水利工程施工合同协议书对组成合同文件的解释顺序作了如下规定：1）协议书（包括补充协议）；2）中标通知书；3）投标报价书；4）专用合同条款；5）通用合同条款；6）技术条款；7）图纸；8）已标价的工程量清单；9）经双方确认进入合同的其他文件。

（6）投标保函、履约保函格式。招标文件对投标保函和履约保函一般都规定有具体的格式，也是法定的可以规定的废标条件。除非招标文件有明文规定，否则投标人必须提交招标文件规定格式和内容的保函。如果不这样做，可能引起投标文件的无效。

（7）法定代表证明书、授权委托书格式。这两个文件是投标文件中必须随附的法定文件，是招标文件必备的格式文件，投标人必须按照招标文件的规定格式和内容要求填写，否则可能引起投标文件的无效。

（8）招标项目数量、工程量清单及其说明。工程量清单包括报价说明、分项工程报价表和汇总表等，是水利工程招标投标报价的基础。根据国家和水利部有关规定，水利工程应该采用工程量清单报价，只有这样，所有投标人报价比较基础才统一，否则报价无从比较，对报价的评价也有失公平、公正。工程量清单说明应该清楚规定项目的合同承包方式，报价总价或单价包含的内容、范围，算术错误的修正方法等。投标人不能对工程量清单进行修改、补充，因为如果各投标人都对工程量清单进行修改补充，那么，各投标人报价比较的基础就不同。因此招标文件不允许投标人修改工程量清单，否则可能导致废标。

（9）投标辅助资料。其主要包括如下内容：1）主要材料预算价格表；2）材料价格表；3）单价汇总表；4）机械台时费计算表；5）混凝土、砂浆材料单价计算表；6）建筑、安装工程单价分析表；7）拟投入本合同工作的施工队伍简要情况表（格式）；8）拟投入本合同工作的主要人员表（格式）；9）拟投入本合同工作的主要施工设备表（格式）、劳动力计划表（格式）；10）主要材料和水、电需用量计划表（格式）。

（10）资格审查或证明文件资料。其主要包括以下内容：1）投标人资质文件复印件；2）投标人营业执照复印件；3）联合体协议书；4）投标人基本情况表（格式）；5）近期完成的类似工程情况表（格式）；6）正在施工的新承接的工程情况表（格式）；7）注册会计师事务所出具的财务状况表（格式）。

（11）投标人经验、履约能力、资信情况等证明文件。施工投标是竞争性非常激烈的投标，特别是对于大型水利工程来说，投标人的经验、能力和资信是招标人非常看重的一个方面。但这些方面的内容也容易出现虚假材料，招标人或招标代理机构应采取措施防止投标人造假，以便于评标委员会审查判断其真伪性。

（12）评标标准和方法。评标方法的选择是施工招标过程中非常重要的一个环节，应根据招标项目的规模、技术复杂程度、施工条件、市场竞争情况等因素来规定评标方法和标准。招标文件中必须非常明确地表达施工招标的评标标准和方法，发出招标文件后，除非有错误，否则不要随便更改评标标准和方法，因为招标文件是在资格审查完成后发出的，此时已经知道所有的投标人，如果随意修改评标标准和方法，很容易引起不必要的误解。

（13）技术条款。技术规格和要求是招标文件中最重要的内容之一，是指招标项目在技术、质量方面的标准，也就是通常说的招标技术条款。技术规格或技术要求的确定，往往是招标能否具有竞争性，能否达到预期目的的技术制约因素。因此，世界各国和有关国际组织都普遍要求，招标文件规定的技术规格、标准应采用所在国法定的或国际公认的标准。国家对招标项目的技术标准有规定的，招标人应当按照其规定在招标文件中提出相应要求，也就是要求招标人或招标代理机构或设计单位在编制招标文件时，对招标项目的技术要求应按照国家规范和标准，国家、行业主管部门或地方有规定的按行业或地方标准，国家主管部门、地方没有规定的，可参照国际惯例或行业惯例，不能另搞一套。

（14）招标图纸。招标图纸一般由招标项目的设计单位负责提供，内容包含在招标设计中。如果招标文件要求的份数超出原设计合同的数量，则需要另行支付图纸费用。

（15）其他招标资料。其他招标资料主要指，不构成招标文件的内容、仅对投标人编写投标文件具有参考作用的资料。招标人对投标人根据参考资料而引起的错误不承担任何责任。

第三节　水利工程投标的决策与技巧

一、投标前决策的影响因素

施工企业获得投标信息后，并非一定投标。该阶段的决策主要是研究是否投标，决策的主要依据是招标公告、企业自身情况以及公司对招标工程、投标环境、发包人情况的调研和了解，如果是国际工程，还包括对工程所在国和工程所在地的调研和了解程度。作为投标人来说，并不是每标必投，影响决策是否投标的因素很多，但概括起来主要应考虑如下因素：

（1）工程所在国的政治和经济状况，以及项目资金额度和来源的可靠程度。

（2）对该项目建设单位的目标要求能否达到。如质量目标、工期目标和经济目标等。

（3）工程水文和地质条件，以及勘测深度和设计水平。

（4）选择的何种标准合同范本作为通用合同条款，以及对此合同条款熟悉的程度。

（5）招标人（即发包人）支付能力和履约信誉状况。

（6）监理人的权力、独立处理合同争议的能力和公正程度，以及争议裁决委员会的组织协调能力等状况。

（7）竞争对手的实力和优势。

（8）本企业自身技术和经济实力以及施工管理水平的评估。能否满足拟投标项目所需技术、机械设备、资金、劳力等资源，尤其对于技术密集型工程项目，应慎重考虑，要量力而行。

（9）该项目的实施能否为本企业打开局面和赢得声誉。

（10）做好该项目能否得到新的投标机会。如是否能参加后续项目的投标或占领新的市场。

（11）投标工作的难易程度。投标工作难度越大，所耗费的人力、物力、财力越大。上述因素，在不同的工程中，有时这一因素起作用大，有时则那一因素起作用大，而有时又相互矛盾。分析研究时要抓住重点，辩证地、客观地、具体地分析问题，不能一概而论。

然而在通常情况下，凡属于：本企业主营和兼营能力之外的项目，工程规模、技术要求超过本企业资质等级的项目，本企业生产任务饱满时盈利水平较低或风险较大的项目，本企业资质等级、信誉、施工水平明显不如竞争对手的项目，应放弃投标。

二、投标前决策的方法

投标前决策的方法最常用的有"经验法"和"分数比较法"。

"经验法"是一种定性分析方法，就是在综合分析以上因素的基础上，凭已往的工程施工、工程承包和投标经验，由决策机构决策，决定是否参加投标。这里不再详细介绍。"分数比较法"是一种定量分析方法，结合以往投标经验，通过定量分析方法决定是否参加投标。就是在确定分析因素及各因素的重要程度后，针对这些因素就本企业的情况做出分析，通过计算和比较确定是否参加投标。

分数比较法的一般做法：

（1）确定应考虑的因素。

（2）确定应考虑因素的重要程度。即哪些因素可重点考虑，哪些可一般地考虑。并根据各因素的重要程度相应确定其权数。对重要的因素权数大一些，反之要小一些，权数之和 100；

（3）确定"投标分数界限"。投标分数界限是否超过投标的界限值，一般取值范围在 100 至 200 之间；

（4）确定"等级分数"。针对应考虑的因素，就本企业的情况做出分析，对某一因素来说，本企业属于较好，一般还是较差。如为较好，等级分数定为 2 分，一般为 1 分，较差为 0 分；

（5）计算"因素分数"。某一因素的因素分数等于该因素的权数与等级分数的积。即：

$$因素分数 = 权数 \times 等级分数$$

（6）比较、决定是否参加投标。因素分数的总和与投标分数界限相比较，当各因素分数之和大于或等于投标分数界限时就应参加投标，反之如小于投标分数界限时，则不应参加投标。

在这里，应考虑的因素、权数、等级分数及投标分数界限，都是根据本企业的经验而确定的，并非一成不变。就同一投标者而言，对不同的工程、不同的发包者、不同的竞争对手以及在不同的时间和环境下所考虑的因素就不尽相同。因此，投标单位在采用"分数比较法"分析是否参加投标时，要结合实际情况确定有关数据。

实践证明，在是否投标的抉择中，投标企业分析得越全面、越深刻，投标中标率就越高，就能获得较多的对自己有利的工程项目。反之，投标企业的中标率就比较低，加大企业成本，就会给企业带来不良影响和严重损失。

第四节　水利工程开标、评标与定标

一、开标

（一）开标活动

1. 开标时间、地点、参会人员

招标单位应在前附表规定的开标时间和地点举行开标会议，投标单位的法人代表或授权的代表应签名报到，以证明出席开标会议。投标人的法定代表人或其委托代理人未参加开标会的，招标人可将其投标文件按无效标处理。

时间：投标人须知前附表规定的投标截止时间。

地点：投标人须知前附表规定的地点，如水利公共资源交易市场开标大厅。

参会人员：招标人、投标人、招标代理机构、建设行政主管部门及监督机构等。

2. 投标保证金的形式

开标会议在招标管理机构监督下，由招标单位组织主持，对投标文件开封进行检查，确定投标文件内容是否完整和按顺序编制、是否提供了投标保证金、文件签署是否正确。按规定提交合格撤回通知的投标文件不予开封。

投标保证金的形式包括现金、银行汇票、银行本票、支票、投标保函。根据规定投标保证金一般不得超过投标总价的 2%，但最高不得超过 80 万元。

3. 投标文件有下列情形之一的，招标人不予受理

（1）逾期送达的或者未送达指定地点的。

（2）未按招标文件要求密封的。

（3）未经法定代表人签署或未盖投标单位公章或未盖法定代表人印鉴的。

（4）未按规定格式填写，内容不全或字迹模糊、辨认不清的。

（5）投标单位未参加开标会议。

4.投标文件有下列情形之一的，由评标委员会初审后按废标处理

（1）无单位盖章并无法定代表人或法定代表人授权的代理人签字或盖章。

（2）未按规定的格式填写，内容不全或关键字迹模糊、无法辨认的。

（3）投标人递交两份或多份内容不同的投标文件，或在一份投标文件中对同一招标项目报有两个或多个报价，且未声明哪一个有效，按招标文件规定提交备选投标方案的除外。

（4）投标人名称或组织结构与资格预审时不一致的。

（5）未按招标文件要求提交投标保证金的。

（6）联合体投标未附联合体各方共同投标协议的。

（二）开标程序

主持人按下列程序进行开标：

（1）宣布开标纪律。

（2）公布在投标截止时间前递交投标文件的投标人名称，并确认投标人法定代表人或其委托代理人是否在场。

（3）宣布主持人、开标人、唱标人、记录人、监标人等有关人员姓名。

（4）除投标人须知前附表另有约定外，由投标人推荐的代表检查投标文件的密封情况。

（5）宣布投标文件开启顺序：按递交投标文件的先后顺序的逆序。

（6）设有标底的，公布标底。

（7）按照宣布的开标顺序当众开标，公布投标人名称、标段名称、投标保证金的递交情况、投标报价、质量目标、工期其他招标文件规定开标时公布的内容，并进行文字记录。

（8）主持人、开标人、唱标人、记录人、监标人及投标人的法定代表人或其委托代理人等有关人员在开标记录上签字确认。

（9）开标结束。

二、评标与定标

（一）最低评标价法

最低评标价法一般适用于具有通用技术、性能标准或者招标人对其技术、性能标准没特殊要求的招标项目。根据发改委56号令的规定，招标人编制施工招标文件时，应不加任何修改地引用《标准文件》规定的方法。评标办法前附表由招标人根据招标项目具体特点和实际需要编制，用于进一步明确未尽事宜，但务必与招标文件中其他章节相衔接，并不得与《标准文件》的内容相抵触，否则抵触内容无效。评标办法前附表见表4-1。

表 4-1　评标办法前附表

条款号		评审因素	评审标准
2.1.1（8）	形式评审其他标准		
		……	……
2.1.2（12）	资格审查其他标准		
		……	……
2.1.3（9）	响应性评审其他标准		
		……	……
2.1.4	施工组织设计和项目管理机构评审标准	施工方案与技术措施	……
		质量管理体系与措施	……
		安全管理体系与措施	……
		工程进度计划与措施	……
		环境保护管理体系与措施	……
		资源配备计划	……
		其他主要人员	……
		施工设备	……
		试验、检测仪器设备	……
		……	……
条款号		量化因素	量化标准
2.2	详细评审标准	单价遗漏	……
		付款条件	……
		……	……

1. 评标方法

（1）评审比较的原则。最低评标价法是以投标报价为基数，考量其他因素形成评审价格，对投标文件进行评价的一种评标方法。

评标委员会对满足招标文件实质要求的投标文件，根据详细评审标准规定的量化因素及量化标准进行价格折算，按照经评审的投标价由低到高的顺序推荐中标候选人，或根据招标人授权直接确定中标人，但投标报价低于其成本的除外，并且中标人的投标应当能够满足招标文件的实质性要求。经评审的投标价相等时，投标报价低的优先，投标报价也相等的，由招标人自行确定。

（2）最低评标价法的基本步骤。首先按照初步评审标准对投标文件进行初步评审，然后依据详细评审标准对通过初步审查的投标文件进行价格折算，确定其评审价格，再按照由低到高的顺序推荐 1~3 名中标候选人或根据招标人的授权直接确定中标人。

2. 评审标准

（1）初步评审标准。根据《标准施工招标文件》的规定，投标初步评审为形式评审、资格评审、响应性评审、施工组织设计和项目管理机构评审标准四个方面。

1）形式评审标准。初步评审的因素一般包括投标人的名称、投标函的签字盖章、投标文件的格式、联合体投标人、投标报价的唯一性。其他评审因素等。审查、评审标准应当具体明了，具有可操作性。比如申请人名称应当与营业执照、资质证书以及安全生产许可证等一致；申请函签字盖章应当由法定代表人或其委托代理人签字或加盖单位公章等。招标人应根据项目具体特点和实际需要，进一步删减、补充和细化。

2）资格评审标准。资格评审的因素一般包括营业执照、安全生产许可证、资质等级、财务状况、类似项目业绩、信誉、项目经理、其他要求、联合体投标人等。

（2）详细评审标准。详细评审的因素一般包括单价遗漏、付款条件等。

3.评标程序

（1）初步评审。

1）对于未进行资格预审的，评标委员会可以要求投标人提交规定的有关证明以便核验。评标委员会依据上述标准对投标文件进行初步评审，有一项不符合评审标准的，应否决其投标。

对于已进行资格预审的，评标委员会依据评标办法中表4-1规定的评审标准对投标文件进行初步评审。有一项不符合评审标准的，应否决其投标。

当投标人资格预审申请文件的内容发生重大变化时，评标委员会依据评标办法中表4-1规定的标准对其更新资料进行评审。

2）投标报价有算术错误的，评标委员会按以下原则对投标报价进行修正，修正的价格经投标人书面确认具有约束力。投标人不接受修正价格的，应当否决该投标人的投标。

①投标文件中的大写金额与小写金额不一致的，以大写金额为准。

②总价金额与依据单价计算出的结果不一致的，以单价金额为准修正总价，但单价金额小数点有明显错误的除外。

（2）详细评审。

1）评标委员会依据本评标办法中详细评审标准规定的量化因素和标准进行价格折算，计算出评标价，并编制价格比较一览表。

2）评标委员会发现投标人的报价明显低于其他投标报价，或者在设有标底时明显低于标底，使得其投标报价可能低于其成本的，应当要求该投标人做出书面说明并提供相应的证明材料。投标人不能合理说明或者不能提供相应证明材料的，由评标委员会认定该投标人以低于成本报价竞争，否决其投标。

（3）投标文件的澄清和修正。

1）在评标过程中，评标委员会可以书面形式要求投标人对所提交的投标文件中不明确的内容进行书面澄清或说明，或者对细微偏差进行修正。评标委员会不接受投标人主动提出的澄清、说明或修正。

2）澄清、说明和修正不得改变投标文件的实质性内容（算术性错误修正的除外）。投标人的书面澄清、说明和修正属于投标文件的组成部分。

3）评标委员会对投标人提交的澄清，说明或修正有疑问的，可以要求投标人进一步澄清、说明或修正，直至满足评标委员会的要求。

（4）评标结果。

1）除授权评标委员会直接确定中标人外，还可以按照经评审的价格由低到高的顺序推荐中标候选人，但最低价不能低于成本价。

2）评标委员会完成评标后，应当向招标人提交书面评标报告。

评标报告应当如实记载以下内容：基本情况和数据表；评标委员会成员名单；开标记录；符合要求的投标一览表；否决投标的情况说明；评标标准、评标方法或者评标因素一览表；经评审的价格一览表；经评审的投标人排序；推荐的中标候选人名单或根据招标人授权确定的中标人名单，签订合同前要处理的事宜；以及需要澄清、说明修正事项纪要。

（二）综合评估法

1.概述

所谓综合评估法，就是在评标过程中，根据招标文件中的规定，将投标单位的（经济）报价因素技术因素、商务因素等方面进行全面综合考察，推荐最大限度地满足招标文件中规定的各项评价标准的投标为中标候选人的一种评标方法。

衡量投标文件是否最大限度地满足招标文件中规定的各项评价标准，可以采取折算为货币的方法、打分的方法等。常采用打分的方法进行量化，需量化的因素及其权重应当在招标文件中明确规定。

水利项目招标评标，特别是大型项目，无论是勘察设计、建设监理，还是土建施工、重要设备材料采购、科技项目，项目法人、代建单位、设计施工总承包等招标，大多采用综合评估法。可以说，综合评估法是大型和复杂工程和服务招标普遍采用的一种评标方法，在水利项目招标评标中占有重要地位，但如何科学公正、公平地设置各种评标因素和评审标准，也是值得研究的重要课题。

综合评估法一般采用百分制评分，列入评标项目的技术、报价、商务等因素的每一项赋予一定的评分标准值，然后将各评委的评分根据评标办法的规定进行汇总统计，以综合评分得分高低先后顺序推荐第一、第二、第三中标候选人。

2.应用综合评估法需注意的问题

（1）综合评估法主要适用于大中型水利工程，技术复杂的其他项目招标，项目需要综合考虑投标人的技术经济、资源资金、商务资信等因素的服务招标等。对于技术要求较低或具有通用技术标准的项目，不宜采用综合评估法。

（2）综合评估法使用的关键之一是如何合理确定各评标因素的权重。应用综合评估法时，注意结合项目实际和市场竞争程度，在咨询专家和参考类似项目的基础上确定各评标因素的权重。一般来说，技术工艺复杂、技术质量要求高的项目在技术因素方面设置较大的权重，相应降低报价因素的权重；对于服务招标，如项目管理、科技、勘察、设计、监理、咨询等招标更应该注重技术方案，实力、资信和经验的因素。

（3）对于技术要求和质量要求较高的项目，除在评标因素权重方面考虑外，还可以对某些技术指控因素设置合格标准或最低要求，规定投标人的该项技术指标因素达不到要求时，可以就此判定其技术不合格而判定其整个投标不合格，但这类规定一定要在招标文件上明确规定，对所有投标人一视同仁。

（4）综合评估法一般均应设置最高限价，对于公益性水利工程和采用财政性资金的项目招标，最高限价以国家批准的概算或国家有关限额规定为基础确定最高限价。是否规定最低限价则根据项目实际和市场竞争等因素来确定。

（5）采用综合评估法评标，在进行评标专家的抽取或确定时，保证有技术方面和造价经济方面的专家参加评标，不能仅抽取技术专家或造价经济专家，必须根据项目涉及的专业技术因素和报价比重等因素确定技术专家与造价经济专家的比例和具体数量。无论如何，采用综合评估法时不能没有造价经济方面的专家参加评标。

（6）采用综合评估法时，招标文件中应明确规定，评标委员会评标时首先应根据招标文件和评标办法的有关规定对各投标人的标书进行有效性评审，凡无效的标书不应再进行技术经济评审。

（7）采用综合评估法时，必须明确招标条件和排名规定，一般应规定综合评估分数最高的为第一名，依此类推；而且评标报告也必须推荐或确定第一、第二、第三名候选人。对于使用国有资金的项目，建议直接授权评标委员会确定中标人。

第五章　水利工程施工成本管理

水利工程的施工成本占据着整个企业运行成本的 70% 以上。因此，施工成本的管理就成为水利工程施工企业财务管理的重点。本章就对水利工程施工管理中的成本控制进行了讲述。

第一节　施工成本管理的任务与措施

一、施工成本管理的任务

施工成本是指在建设工程项目的施工过程中所发生的全部生产费用的总和，包括消耗的原材料、辅助材料、构配件费用，周转材料的摊销费或租赁费，施工机械的使用费或租赁费，支付给生产工人的工资、资金、工资性质的津贴等，以及进行施工组织与管理所发生的全部费用支出。建设工程项目施工成本由直接成本和间接成本组成。

直接成本是指施工过程中耗费的构成工程实体或有助于工程实体形成的各项费用支出，是可以直接计入工程对象的费用，包括人工费、材料费、施工机械使用费和施工措施费等。

间接成本是指为施工准备、组织和管理施工生产的全部费用的支出，是非直接用于也无法直接计入工程对象，但为进行工程施工所必须发生的费用，包括管理人员工资、办公费、差旅交通费等。

施工成本管理就是要在保证工期和质量满足要求的情况下，进一步采取相应管理措施（包括组织措施、经济措施、技术措施、合同措施），把成本控制在计划范围内，进一步寻求最大限度的成本节约。

1.施工成本预测

施工成本预测是根据成本信息和施工项目的具体情况，运用一定的专门方法，对未来的成本水平及其可能发展趋势做出科学的估计，其是在工程施工以前对成本进行的估算。通过成本预测，可以在满足业主和本企业要求的前提下，选择成本低、效益好的最佳方案，加强成本控制，克服盲目性，提高预见性。

2. 施工成本计划

施工成本计划是以货币形式编制施工项目的计划期内的生产费用、成本水平、成本降低率，以及为降低成本所采取的主要措施和规划的书面方案，它是建立施工项目成本管理责任制，开展成本控制和核算的基础，它是该项目降低成本的指导性文件，是设立目标成本的依据。可以说，施工成本计划是目标成本的一种形式。

3. 施工成本控制

施工成本控制是指在施工过程中，对影响施工成本的各种因素加强管理，并采取各种有效措施，将施工中实际发生的各种消耗和支出严格控制在成本计划范围内，随时揭示并及时反馈，严格审查各项费用是否符合标准，计算实际成本和计划成本之间的差异并进行分析，采取多种措施，消除施工中的损失浪费现象。

建设工程项目施工成本控制应贯穿于项目从投标阶段开始直至竣工验收的全过程，它是企业进行全面成本管理的重要环节。施工成本控制可分为事先控制、事中控制（过程控制）和事后控制。在项目的施工过程中，需按动态控制原理对实际施工成本的发生过程进行有效控制。

4. 施工成本核算

施工成本核算包括两个基本环节：一是按照规定的成本开支范围对施工费用进行归集和分配，计算出施工费用的实际发生额；二是根据成本核算对象，采用适当的方法，计算出该施工项目的总成本和单位成本。施工成本管理需要正确及时地核算施工过程中发生的各项费用，计算施工项目的实际成本。施工项目成本核算所提供的各种成本信息是成本预测、成本计划、成本控制、成本分析和成本考核等各个环节的依据。

5. 施工成本分析

施工成本分析是在施工成本核算的基础上，对成本的形成过程和影响成本升降的因素进行分析，寻求进一步降低成本的途径，包括有利偏差的挖掘和不利偏差的纠正。施工成本分析贯穿于施工成本管理的全过程，是在成本的形成过程中，主要利用施工项目的成本核算资料（成本信息），与目标成本、预算成本以及类似的施工项目的实际成本等进行比较，了解成本的变动情况，同时也要分析主要技术经济指标对成本的影响，系统地研究成本变动的因素，检查成本计划的合理性，并通过成本分析，深入揭示成本变动规律，寻找降低施工项目成本的途径，以便有效地进行成本控制。对于成本偏差的控制，分析是关键，纠偏是核心，要针对分析得出的偏差发生原因，采取切实措施，加以纠正。

成本偏差分为局部成本偏差和累计成本偏差。局部成本偏差包括项目的月度（或周、天等）核算成本偏差、专业核算成本偏差以及分部分项作业成本偏差等；累计成本偏差是指已完工程在某一时间点上实际总成本与相应的计划总成本的差异。分析成本偏差的原因应采取定性和定量相结合的方法。

6.施工成本考核

施工成本考核是指在施工项目完成后，对施工项目成本形成中的各责任者，按施工项目成本目标责任制的有关规定，将成本的实际指标与计划、定额、预算进行对比和考核，评定施工项目成本计划的完成情况和各责任者的业绩，并给予相应的奖励和处罚。通过成本考核，做到有奖有惩，赏罚分明，有效地调动每一位员工在各自的施工岗位上努力完成目标成本的积极性，为降低施工项目成本和增加企业的积累做出自己的贡献。

施工成本管理的每一个环节都是相互联系和相互作用的。成本预测是成本决策的前提，成本计划是成本决策所确定目标的具体化。成本计划控制则是对成本计划的实施进行控制和监督，保证决策的成本目标的实现，而成本核算又是对成本计划是否实现的最后检验，它所提供的成本信息又对下一个施工项目成本预测和决策提供基础资料。成本考核是实现成本目标责任制的保证和实现决策目标的重要手段。

二、施工成本管理的措施

为了取得施工成本管理的理想成效，应当从多方面采取措施实施管理，通常可以将这些措施归纳为组织措施、技术措施、经济措施、合同措施。

（1）组织措施是从施工成本管理的组织方面采取的措施。施工成本控制是全员的活动，如实行项目经理责任制，落实施工成本管理的组织机构和人员，明确各级施工成本管理人员的任务和职能分工、权利和责任。施工成本管理不仅仅是专业成本管理人员的工作，各级项目管理人员都负有成本控制责任。

组织措施的另一方面是编制施工成本控制工作计划、确定合理详细的工作流程。要做好施工采购规划，通过生产要素的优化配置、合理使用、动态管理，有效控制实际成本；加强施工定额管理和任务单管理，控制物化劳动的消耗；加强施工调度，避免因施工计划不周和盲目调度造成窝工损失、机械利用率降低、物料积压等使施工成本增加。成本控制工作只有建立在科学管理的基础之上，具备合理的管理体制，完善的规章制度，稳定的作业秩序，完整准确的信息传递，才能取得成效。组织措施是其他各类措施的前提和保证，而且一般不需要增加什么费用，运用得当就可以收到良好的效果。

（2）技术措施不仅对解决施工成本管理过程中的技术问题是不可缺少的，而且对纠正施工成本管理目标偏差也有相当重要的作用。运用技术纠偏措施的关键，一是要能提出多个不同的技术方案，二是要对不同的技术方案进行技术经济分析。

施工过程中降低成本的技术措施，包括进行技术经济分析，确定最佳的施工方案。结合施工方法，进行材料使用的比选，在满足功能要求的前提下，通过迭代、使用添加剂等方法降低材料消耗的费用。确定最合适的施工机械、设备的使用方案。结合项目的施工组织设计及自然地理条件，降低材料的库存成本和运输成本，先进的施工技术的应用、新材料的运用，新开发机械设备的使用，等等。在实践中，也要避免仅从技术角度选定方案而忽略对其经济效果的分析论证。

（3）经济措施是最容易为人们所接受和采取的措施。管理人员应编制资金使用计划，确定、分解施工成本管理目标。对施工成本管理目标进行风险分析，并制定防范性对策。对各项支出，应认真做好资金的使用计划，并在施工中严格控制各项开支。及时准确地记录、收集、整理、核算实际发生的成本。对各种变更，及时做好增减账，及时落实业主签证，及时结算工资款。通过偏差分析和未完工工程预测，发现一些潜在问题将引起未完工程施工成本的增加，对这些问题应以主动控制为出发点，及时采取预防措施。由此可见，经济措施的运用绝不仅仅是财务人员的事情。

（4）采取合同措施控制施工成本，应贯穿整个合同周期，包括从合同谈判开始到合同终止的全过程。首先是选用合适的合同结构，对各种合同结果模式进行分析、比较，在合同谈判时，要争取选用适合于工程规模、性质和特点的合同结构模式。其次，在合同条款中应仔细考虑一切影响成本和效益的因素，特别是潜在的风险因素。通过对引起成本变动的风险因素进行识别和分析，采取必要的风险对策，如通过合理的方式，增加承担风险的个体数量，降低损失发生的比例，并最终使这些策略反映在合同的具体条款中。在合同执行期间，合同管理的措施既要密切关注对方合同执行情况，寻求合同索赔的机会，同时也要密切关注自己合同履行的情况，避免被对方索赔。

第二节　施工成本计划

一、施工成本计划的类型

对于一个施工项目而言，其成本计划的编制是一个不断深化的过程。在这一过程的不同阶段形成深度和作用不同的成本计划，按其作用可分为三类。

1. 竞争性成本计划

竞争性成本计划即工程项目投标及签订合同阶段的估算成本计划。这类成本计划是以招标文件中的合同条件、投标者须知、技术规程、设计图纸和工程量清单等为依据，以有关价格条件说明为基础，结合调研和现场考察获得的情况，根据本企业的工料消耗标准、水平、价格资料和费用指标，对本企业完成招标工程所需要支出的全部费用进行估算。在投标报价过程中，虽也着力考虑降低成本的途径和措施，但总体上较为粗略。

2. 指导性成本计划

指导性成本计划即选派项目经理阶段的预算成本计划，是项目经理的责任成本目标。

它是以合同标书为依据，按照企业的预算定额标准制订的设计预算成本计划，一般情况下只是确定责任总成本指标。

3. 实施性计划成本

实施性计划成本即项目施工准备阶段的施工预算成本计划，它以项目实施方案为依据，以落实项目经理责任目标为出发点，采用企业的施工定额，通过施工预算的编制而形成的实施性施工成本计划。

施工预算和施工图预算虽仅一字之差，但区别较大。

（1）编制的依据不同。

施工预算的编制以施工定额为主要依据，施工图预算的编制以预算定额为主要依据，而施工定额比预算定额划分得更详细、更具体，并对其中所包括的内容，如质量要求、施工方法以及所需劳动工日、材料品种、规格型号等均有较详细的规定和要求。

（2）适用的范围不同。

施工预算是施工企业内部管理用的一种文件，与建设单位无直接关系；而施工图预算既适用于建设单位，又适用于施工单位。

（3）发挥的作用不同。

施工预算是施工企业组织生产、编制施工计划、准备现场材料、签发任务书、考核功效、进行经济核算的依据。它也是施工企业改善经营管理、降低生产成本和推行内部经营承包责任制的重要手段，而施工图预算则是投标报价的主要依据。

二、施工成本计划的编制依据

施工成本计划是施工项目成本控制的一个重要环节，是实现降低施工成本任务的指导性文件。如果针对施工项目所编制的成本计划达不到目标成本要求，就必须组织施工项目管理班子的有关人员重新研究寻找降低成本的途径，重新进行编制。同时，编制成本计划的过程也是动员全体施工项目管理人员的过程，是挖掘降低成本潜力的过程，是检验施工技术质量管理、工期管理物资消耗和劳动力消耗管理等是否落实的过程。

编制施工成本计划，需要广泛收集相关资料并进行整理，作为施工成本计划编制的依据。在此基础上，根据有关设计文件、工程承包合同、施工组织设计、施工成本预测资料等，按照施工项目应投入的生产要素，结合各种因素的变化和拟采取的各种措施，估算施工项目生产费用支出的总水平，提出施工项目的成本计划控制指标，确定目标总成本。目标成本确定后，应将总目标分解落实到各个机构、班组或工序便于进行控制的子项目。最后，通过综合平衡，编制完成施工成本计划。

施工成本计划的编制依据包括：

（1）投标报价文件。

（2）企业定额、施工预算。

（3）施工组织设计或施工方案。

（4）人工、材料、机械台班的市场价。

（5）企业颁布的材料指导价、企业内部机械台班价格、劳动力内部挂牌价格。

（6）周转设备内部租赁价格、摊销损耗标准。

（7）已签订的工程合同、分包合同（或估价书）。

（8）结构件外加工计划和合同。

（9）有关财务成本核算制度和财务历史资料。

（10）施工成本预测资料。

（11）拟采取的降低施工成本的措施。

（12）其他相关资料。

三、施工成本计划的编制方法

施工成本计划的编制方法有以下三种。

1. 按施工成本组成编制

建筑安装工程费用项目由分部分项工程费、措施项目费、其他项目费、规费和税金组成。施工成本可以按成本构成分解为人工费、材料费、施工机械使用费、措施项目费和企业管理费等。

2. 按施工项目组成编制

大中型工程项目通常是由若干单项工程构成的，每个单项工程又包含若干单位工程，每个单位工程下面又包含了若干分部分项工程。因此，首先把项目总施工成本分解到单项工程和单位工程中，再进一步分解到分部工程和分项工程中。接下来就要具体地分配成本，编制分项工程的成本支出计划，得到详细的成本计划表。

在编制成本支出计划时，要在项目总的方面考虑总的预备费，也要在主要的分项工程中安排适当的不可预见费。这样可以避免在具体编制成本计划时，由于某项内容工程量计算有较大出入，使原来的成本预算失实。

3. 按施工进度编制

编制按工程进度的施工成本计划，通常可利用控制项目进度的网络图进一步扩充而得。在建立网络图时，一方面确定完成各项工作所需花费的时间，另一方面确定完成这一工作的合适的施工成本支出计划。在实践中，将工程项目分解为既能方便地表示时间，又能方便地表示施工成本支出计划的工作是不容易的，通常如果项目分解程度对时间控制合适的话，则对施工成本支出计划可能分解过细，以至于不可能对每项工作确定其施工成本支出计划，反之亦然。因此，在编制网络计划时，应充分考虑进度控制对项目划分要求的。同时，还要考虑确定施工成本支出计划对项目划分的要求，做到二者兼顾。通过对施工成本目标按时间进行分解，在网络计划基础上，可获得项目进度计划的横道图，并在此基础上编制成本计划。其表示方式有两种：一种是在时标网络图上按月编制的成本计划，另一种是利用时间—成本累积曲线（S形曲线）表示。

以上三种编制施工成本计划的方式并不是相互独立的。在实践中，往往是将这几种方式结合起来使用，可以取得扬长避短的效果。例如，将按项目分解总施工成本与按施工成本构成分解总施工成本两种方式相结合，横向按施工成本构成分解，纵向按项目分解，或与之相反。这种分解方式有助于检查各分部分项工程施工成本构成是否完整，有无重复计算或漏算，同时还有助于检查各项具体的施工成本支出的对象是否明确或落实，可以从数字上校核分解的结果有无错误。或者还可将按子项目分解总施工成本计划与按时间分解总施工成本计划结合起来，一般纵向按项目分解，横向按时间分解。

第三节　工程变更程序和价款的确定

由于建设工程项目建设的周期长、涉及的关系复杂、受自然条件和客观因素的影响大，导致项目的实际施工情况与招标投标时的情况相比往往会有一些变化，如出现工程变更。工程变更包括工程量变更、工程项目的变更（如发包人提出增加或者删减原项目内容）、进度计划的变更施工条件的变更等。如果按照变更的起因划分，变更的种类有很多，如：发包人的变更指令（包括发包人对工程有了新的要求、发包人修改项目计划、发包人削减预算、发包人对项目进度有了新的要求等）；由于设计错误，必须对设计图纸做修改；工程环境变化；由于产生了新的技术和知识，有必要改变原设计、实施方案或实施计划；法律法规或者政府对建设工程项目有了新的要求等。

1. 工程变更的控制原则

（1）工程变更无论是业主单位、施工单位或监理工程师提出，无论是何内容，均需由监理工程师发出工程变更指令并确定工程变更的价格和条件。

（2）工程变更，要建立严格的审批制度，切实把投资控制在合理的范围以内。

（3）对设计修改与变更（包括施工单位、业主单位和监理单位对设计的修改意见）应通过现场设计单位代表请设计单位研究。设计变更必须进行工程量及造价增减分析，经设计单位同意，如果突破总概算，必须经有关部门审批。严格控制施工中的设计变更，健全设计变更的审批程序，防止任意提高设计标准，改变工程规模，增加工程投资费用。设计变更经监理工程师会签后交施工单位施工。

（4）在一般的建设工程施工承包合同中均包括工程变更的条款，允许监理工程师有权向承包单位发布指令，要求对工程的项目、数量或质量工艺进行变更，对原标书的有关部分进行修改。

工程变更也包括监理工程师提出的"新增工程",即原招标文件和工程量清单中没有包括的工程项目。承包单位对这些新增工程,也必须按监理工程师的指令组织施工,工期与单价由监理工程师和承包方协商确定。

(5)由于工程变更所引起的工程量的变化,都有可能使项目投资超出原来的预算投资,必须予以严格控制,密切注意其对未完工程投资支出的影响以及对工期的影响。

(6)对于施工条件的变更,往往是指未能预见的现场条件或不利的自然条件,即在施工中实际遇到的现场条件同招标文件中描述的现场条件有本质的差异,使施工单位向业主单位提出施工价款和工期的变化要求,由此引起索赔。

工程变更均会对工程质量、进度、投资产生影响,应做好工程变更的审批,合理确定变更工程的单价、价款和工期延长的期限,并由监理工程师下达变更指令。

2. 工程变更程序

工程变更程序主要包括提出工程变更、审查工程变更、编制工程变更文件及下达变更指令。工程变更文件要求包括以下内容:

(1)工程变更令。应按固定的格式填写,说明变更的理由、变更概况、变更估价及对合同价款的影响。

(2)工程量清单。填写工程变更前后的工程量,单价和金额,并对未在合同中规定的方法予以说明。

(3)新的设计图纸及有关的技术标准。

(4)涉及变更的其他有关文件或资料。

3. 工程变更价款的确定

对于工程变更的项目,一种类型是不需确定新的单价,仍按原投标单价计付;另一种类型是需变更为新的单价,包括变更项目及数量超过合同规定的范围。虽属原工程量清单的项目,但是其数量超过规定范围。变更的单价及价款应由合同双方协商解决。

合同价款的变更价格是在双方协商的时间内,由承包单位提出变更价格,报监理工程师批准后调整合同价款和竣工日期。审核承包单位提出的变更价款是否合理,可考虑以下原则:

(1)合同中有适用于变更工程的价格,按合同已有的价格计算变更合同价款。

(2)合同中只有类似变更情况的价格,可以此作为基础,确定变更价格,变更合同价款。

(3)合同中没有适用和类似的价格,由承包单位提出适当的变更价格,监理工程师批准执行。批准变更价格,应与承包单位达成一致,否则应通过工程造价管理部门裁定。

经双方协商同意的工程变更,应有书面材料,并由双方正式委托的代表签字;涉及设计变更的,还必须有设计部门的代表签字,这些都将作为以后进行工程价款结算的依据。

第四节　建筑安装工程费用的结算

一、建筑安装工程费用的主要结算方式

建筑安装工程费用的结算可以根据不同情况采取多种方式。

（1）按月结算：先预付部分工程款，在施工过程中按月结算工程进度款，竣工后进行竣工结算。

（2）竣工后一次结算：建设项目或单项工程全部建筑安装工程建设期在 12 个月以内，或者工程承包合同价值在 100 万元以下的，可以实行工程价款每月月中预支，竣工后一次结算。

（3）分段结算：即当年开工，当年不能竣工的单项工程或单位工程按照工程形象进度，划分不同阶段进行结算。分段结算可以按月预支工程款。

（4）结算双方约定的其他结算方式：实行竣工后一次结算和分段结算的工程，当年结算的工程款应与分年度的工作量一致，年终不另清算。

二、工程预付款

工程预付款是建设工程施工合同订立后由发包人按照合同约定，在正式开工前预先支付给承包人的工程款。它是结构件等流动资金的主要来源、施工准备和所需要材料，国内习惯上称为预付备料款。工程预付款的具体事宜由发、承包双方根据建设行政主管部门的规定，结合工程款、建设工期和包工包料情况在合同中约定。在《建设工程施工合同（示范文本）》中，对有关工程预付款做如下约定：实行工程预付款的，双方应当在专用条款内约定发包人向承包人预付工程款的时间和数额，开工后按约定的时间和比例逐次扣回。预付时间应不迟于约定的开工日期前 7 天。如果发包人不按约定预付，承包人可以在约定预付时间 7 天后向发包人发出要求预付的通知，若发包人收到通知后仍不能按要求预付，承包人可在发出通知后 7 天停止施工，发包人应从约定应付之日起向承包人支付应付款的贷款利息，并承担违约责任。

对于工程预付款额度，各地区、各部门的规定不完全相同，主要是保证施工所需材料和构件的正常储备。一般根据施工工期、建安工作量、主要材料和构件费用占建安工作量的比例以及材料储备周期等因素经测算来确定。发包人根据工程的特点、工期长短、市场行情、供求规律等因素，招标时在合同条件中约定工程预付款的百分比。

工程预付款的扣回，扣款的方法有两种：可以从未施工工程尚需的主要材料及构件的

价值相当于工程预付款数额时起扣；还可以从每次结算工程价款中，按材料比重扣抵工程价款，竣工前全部扣清，基本公式为

$$T=P-M/N$$

式中：

T——起扣点，工程预付款开始扣回时的累计完成工作量金额；

M——工程预付款限额；

N——主要材料的占比重；

P——工程的价款总额。

住房和城乡建设部招标文件范本中规定：在承包完成金额累计达到合同总价的10%后，由承包人开始向发包人还款，发包人从每次应付给承包人的金额中扣回工程预付款，发包人至少在合同规定的完工期前三个月将工程预付款的总计金额按逐次分摊的办法扣回。

三、工程进度款

1. 工程进度款的计算

工程进度款的计算主要涉及两个方面：一是工程量的计量，二是单价的计算方法。单价的计算方法，主要根据由发包人和承包人事先约定的工程价格的计价方法决定。目前，我国工程价格的计价方法可以分为工料单价和综合单价两种方法。二者在选择时，既可采取可调价格的方式，即工程价格在实施期间可随价格变化而调整；也可采取固定价格的方式，即工程价格在实施期间不因价格变化而调整，在工程价格中已考虑价格风险因素并在合同中明确了固定价格包括的内容和范围。

2. 工程进度款的支付

相关规定也指出：在确认计量结果后14天内，发包人应向承包人支付工程款（进度款）。发包人超过约定的支付时间不支付工程款，承包人可向发包人发出要求付款的通知，如果发包人接到承包人通知后仍不能按要求付款，可与承包人协商签订延期付款协议，经承包人同意后可延期支付。协议应明确延期支付的时间和从计量结果确认后第15天起计算应付款的贷款利息。若出现发包人不按合同约定支付工程款，双方又未达成延期付款协议，导致施工无法进行的情况，承包人可停止施工，由发包人承担违约责任。

四、竣工结算

工程竣工验收报告经发包人认可后28天内，承包人向发包人递交竣工结算报告及完整的结算资料，双方按照协议书约定的合同价款及专用条款约定的合同价款调整内容，进行工程竣工结算。专业监理工程师审核承包人报送的竣工结算报表；总监理工程师审定竣

工结算报表；与发包人、承包人协商一致后，签发竣工结算文件和最终的工程款支付证书。

发包人收到承包人递交的竣工结算报告及结算资料后 28 天内进行核实，给予确认或者提出修改意见。发包人确认竣工结算报告后通知经办银行向承包人支付竣工结算价款。承包人收到竣工结算价款后 14 天内将竣工工程交付发包人。

发包人收到竣工结算报告及结算资料后 28 天内无正当理由不支付工程竣工结算价款，从第 29 天起按承包人同期向银行贷款利率支付拖欠工程价款的利息，并承担违约责任。

若发包人收到竣工结算报告及结算资料后 28 天内无正当理由不支付工程竣工结算价款，承包人可以催告发包人支付结算价款。发包人在收到竣工结算报告及结算资料后 56 天内仍不支付的，承包人可以与发包人协议将该工程折价，也可以由承包人申请人民法院将该工程依法拍卖，承包人就该工程折价或者拍卖的价款优先受偿。

若出现工程竣工验收报告经发包人认可后 28 天内，承包人未能向发包人递交竣工结算报告及完整的结算资料，造成工程竣工结算不能正常进行或工程竣工结算价款不能及时支付的情况，其中发包人要求交付工程的，承包人应当交付；发包人不要求交付工程的，承包人承担保管责任。

第五节　施工成本控制

一、施工成本控制的依据

施工成本控制的依据包括以下内容：

1. 工程承包合同

施工成本控制要以工程承包合同为依据，围绕降低工程成本这个目标，从预算收入和实际成本两方面，努力挖掘增收节支潜力，以求获得最大的经济效益。

2. 施工成本计划

施工成本计划是根据施工项目的具体情况制订的施工成本控制方案，既包括预定的具体成本控制目标，又包括实现控制目标的措施和规划，是施工成本控制的指导性文件。

3. 进度报告

进度报告提供了每一时刻工程实际完成量、工程施工成本实际支付情况等重要信息。施工成本控制工作正是通过实际情况与施工成本计划相比较，找出二者之间的差别，分析偏差产生的原因，从而采取措施改进以后工作的行为。此外，进度报告还有助于管理者及时发现工程实施中存在的隐患，在事态还未造成重大损失之前采取有效措施，尽量避免损失。

4. 工程变更

在项目的实施过程中，由于各方面的原因，工程变更是很难避免的。工程变更一般包括设计变更、进度计划变更、施工条件变更、技术规范与标准变更、施工次序变更、工程数量变更等。一旦出现变更，工程量、工期、成本都必将发生变化，使施工成本控制工作变得更加复杂和困难。因此，施工成本管理人员就应当通过对变更要求当中各类数据的计算、分析，随时掌握变更情况，包括已发生工程量、将要发生工程量、工期是否拖延、支付情况等重要信息，判断变更以及变更可能带来的索赔额度等。

除上述几种施工成本控制工作的主要依据外，有关施工组织设计、分包合同等也都是施工成本控制的依据。

二、施工成本控制的步骤

在确定了施工成本计划之后，必须定期进行施工成本计划值与实际值的比较，当实际值偏离计划值时，分析产生偏差的原因，采取适当的纠偏措施，以确保施工成本控制目标的实现。其步骤如下：

1. 比较

按照某种确定的方式将施工成本的计划值和实际值逐项进行比较，以发现施工成本是否超支。

2. 分析

在比较的基础上，对比较的结果进行分析，以确定偏差的严重性及偏差产生的原因。这一步是施工成本控制工作的核心，其主要目的在于找出产生偏差的原因，采取有针对性的措施，避免相同原因的再次发生或减少由此造成的损失。

3. 预测

根据项目实施情况估算整个项目完成时的施工成本。预测的目的在于为决策提供支持。

4. 纠偏

当工程项目的实际施工成本出现了偏差，应当根据工程的具体情况、偏差分析和预测的结果，采用适当的措施，以期达到使施工成本偏差尽可能小的目的。纠偏是施工成本控制中最具实质性的一步。只有通过纠偏，才能最终达到有效控制施工成本的目的。

5. 检查

对工程的进展跟踪和检查，及时了解工程进展状况以及纠偏措施的执行情况和效果，为今后的工作积累经验。

三、施工成本控制的方法

施工阶段是控制建设工程项目成本发生的主要阶段。它通过确定成本目标并按计划成本进行施工、资源配置，对施工现场发生的各种成本费用进行有效控制，其具体的控制方法如下：

1. 人工费的控制

人工费的控制实行"量价分离"的方法，将作业用工及零星用工按定额工日的一定比例综合确定用工数量与单价，并通过劳务合同进行控制。

2. 材料费的控制

材料费控制同样按照"量价分离"原则，控制材料用量和材料价格。

（1）材料用量的控制。

在保证符合设计要求和质量标准的前提下，合理使用材料，通过定额管理、计量管理等手段有效控制材料物资的消耗。具体方法如下：

①定额控制。对于有消耗定额的材料，以消耗定额为依据，实行限额发料制度。在规定限额内分期分批领用，超过限额领用的材料，必须先查明原因，经过一定审批手续方可领料。

②指标控制。对于没有消耗定额的材料，则实行计划管理和按指标控制的办法。

根据以往项目的实际耗用情况，结合具体施工项目的内容和要求，制定领用材料指标，据以控制发料。超过指标的材料，必须经过一定的审批手续才可领用。

③计量控制。准确做好材料物资的收发计量检查和投料计量检查。

④包干控制。在材料使用过程中，对部分小型及零星材料（如钢钉、钢丝等）根据工程量计算出所需材料量，将其折算成费用，由作业者包干控制。

（2）材料价格的控制。

材料价格主要由材料采购部门控制。由于材料价格由买价、运杂费、运输中的合理损耗等所组成，因此控制材料价格，主要是通过掌握市场信息，应用招标和询价等方式控制材料、设备的采购价格。

施工项目的材料物资，包括构成工程实体的主要材料和结构件，以及有助于工程实体形成的周转使用材料和低值易耗品。从价值角度看，材料物资的价值占建筑安装工程造价的 60% 至 70% 以上，其重要程度自然是不言而喻的。由于材料物资的供应渠道和管理方式各不相同，所以控制的内容和所采取的控制方法也将有所不同。

3. 施工机械使用费的控制

合理选择和使用施工机械设备对成本控制具有十分重要的意义，尤其是高层建筑施工。据某些工程实例统计，高层建筑地面以上部分的总费用中，垂直运输机械费用占 6%~10%。由于不同的起重机械各有不同的用途和特点，因此在选择起重运输机械时，应根据工程特点和施工条件确定采取何种不同起重运输机械的组合方式。在确定采用何种组合方式时，首先应满足施工需要，同时要考虑到费用的高低和综合经济效益。

施工机械使用费主要由台班数量和台班单价两方面决定。为有效控制施工机械使用费支出，主要从以下几个方面进行控制：

（1）合理安排施工生产，加强设备租赁计划管理，减少因安排不当引起的设备闲置。

（2）加强机械设备的调度工作，尽量避免窝工，提高现场设备利用率。

（3）加强现场设备的维修保养，避免因不正确使用造成机械设备的停置。

（4）做好机上人员与辅助生产人员的协调与配合，提高施工机械台班产量。

4. 施工分包费用的控制

分包工程价格的高低，必然对项目经理部的施工项目成本产生一定的影响。因此，施工项目成本控制的重要工作之一是对分包价格的控制。项目经理部应在确定施工方案的初期就确定需要分包的工程范围。确定分包范围的因素主要是施工项目的专业性和项目规模。对分包费用的控制，主要是要做好分包工程的询价、订立平等互利的分包合同、建立稳定的分包关系网络、加强施工验收和分包结算等工作。

第六节　施工成本分析

一、施工成本分析的依据

施工成本分析，就是根据会计核算、业务核算和统计核算提供的资料，对施工成本的形成过程和影响成本升降的因素进行分析，以寻求进一步降低成本的途径。另外通过成本分析，可从账簿、报表反映的成本现象看清成本的实质，增强项目成本的透明度和可控性，为加强成本控制、实现项目成本目标创造条件。

1. 会计核算

会计核算主要是价值核算。会计是对一定单位的经济业务进行计量、记录、分析和检查，做出预测，参与决策，实行监督，旨在实现最优经济效益的一种管理活动。它通过设置账户、复式记账、填制和审核凭证、登记账簿、成本计算、财产清查和编制会计报表等一系列有组织有系统的方法，来记录企业的一切生产经营活动，然后据以提出一些用货币来反映的有关各种综合性经济指标的数据。资产、负债、所有者权益、营业收入、成本、利润等会计六要素指标，主要是通过会计来核算。由于会计记录具有连续性、系统性、综合性等特点，所以它是施工成本分析的重要依据。

2. 业务核算

业务核算是各业务部门根据业务工作的需要而建立的核算制度，它包括原始记录和计算登记表，如单位工程及分部分项工程进度登记、质量登记、工效定额计算登记、物资消耗定额记录、测试记录等。业务核算的范围比会计、统计核算要广，会计和统计核算一般是对已经发生的经济活动进行核算，而业务核算不但可以对已经发生的，而且可以对尚未发生或正在发生的经济活动进行核算，看是否可以做、是否有经济效果。它的特点是对个别的经济业务进行单项核算。例如各种技术措施、新工艺等项目可以核算已经完成的项目是否达到原定的目的，取得预期的效果，也可以对准备采取措施的项目进行核算和审查，看是否有效果、值不值得采纳，它随时都可以进行。业务核算的目的，在于迅速取得资料，在经济活动中及时采取措施进行调整。

3. 统计核算

统计核算是利用会计核算资料和业务核算资料，把企业生产经营活动客观现状的大量数据，按统计方法加以系统整理，表明其规律性。它的计量尺度比会计宽，可以用货币计算，也可以用实物或劳动量计量。它通过全面调查和抽样调查等特有的方法，不仅能提供绝对数指标，还能提供相对数和平均数指标，可以计算当前的实际水平、确定变动速度，可以预测发展的趋势。

二、施工成本分析的方法

（一）基本方法

施工成本分析的基本方法包括比较法、因素分析法、差额计算法、比率法等。

1. 比较法

比较法，又称指标对比分析法，就是通过技术经济指标的对比，检查目标的完成情况，分析产生差异的原因，进而挖掘内部潜力的方法。这种方法具有通俗易懂、简单易行、便于掌握的特点，得到了广泛的应用，但在应用时必须注意各技术经济指标的可比性。

比较法的应用，通常有下列形式：

（1）将实际指标与目标指标对比。以此检查目标完成情况，分析影响目标完成的积极因素和消极因素，以便及时采取措施，保证成本目标实现。在进行实际指标与目标指标对比时，还应注意目标本身有无问题。如果目标本身出现问题，则应调整目标，重新正确评价实际工作的成绩。

（2）本期实际指标与上期实际指标对比。通过这种对比，可以看出各项技术经济指标的变动情况，反映施工管理水平的提高程度。

（3）与本行业平均水平、先进水平对比。通过这种对比，可以反映本项目的技术管理和经济管理与行业的平均水平和先进水平的差距，采取措施赶超先进水平。

2. 因素分析法

因素分析法又称连环置换法，这种方法可用来分析各种因素对成本的影响程度。在进行分析时，首先要假定众多因素中的一个因素发生了变化，其他因素不变，然后逐个替换，分别比较其计算结果，以确定各个因素的变化对成本的影响程度。因素分析法的计算步骤如下：

（1）确定分析对象，并计算出实际与目标数的差异。

（2）确定该指标是由哪几个因素组成的，并按其相互关系进行排序（排序规则是先实物量，后价值量；先绝对值，后相对值）。

（3）以目标数为基础，将各因素的目标数相乘，作为分析替代的基数。

（4）将各个因素的实际数按照上面的排列顺序进行替换计算，并将替换后的实际数保留下来。

（5）将每次替换计算所得的结果，与前一次的计算结果相比较，两者的差异即为该因素对成本的影响程度。

（6）各个因素的影响程度之和应与分析对象的总差异相等。

3.差额计算法

差额计算法是因素分析法的一种简化形式，它利用各个因素的目标值与实际值的差额来计算其对成本的影响程度。

4.比率法

比率法是指用两个以上的指标的比例进行分析的方法。它的基本特点是先把对比分析的数值变成相对数，再观察其相互之间的关系。常用的比率法有以下几种：

（1）相关比率法。由于项目经济活动的各个方面是相互联系、相互依存、又相互影响的，可以将两个性质不同而又相关的指标加以对比，求出比率，并以此来考察经营成果的好坏。例如，产值和工资是两个不同的概念，但它们的关系又是投入与产出的关系。

在一般情况下，都希望以最少的工资支出完成最大的产值。因此，用产值工资率指标来考核人工费的支出水平，就很能说明问题。

（2）构成比率法。其又称比重分析法或结构对比分析法。通过构成比率，可以考察成本总量的构成情况及各成本项目占成本总量的比重，同时可看出量、本、利的比例关系（即预算成本、实际成本和降低成本的比例关系），为寻求降低成本的途径指明方向。

（3）动态比率法。动态比率法，就是将同类指标不同时期的数值进行对比，并求出比率，以分析该项指标的发展方向和发展速度。动态比率的计算，通常采用基期指数和环比指数两种方法。

（二）综合成本的分析方法

所谓综合成本，是指涉及多种生产要素，并受多种因素影响的成本费用，如分部分项工程成本、月（季）度成本年度成本等。由于这些成本都是随着项目施工的进展而逐步形成的，与生产经营有着密切的关系。因此，做好上述成本的分析工作，必将促进项目的生产经营管理，提高项目的经济效益。

1.分部分项工程成本分析

分部分项工程成本分析是施工项目成本分析的基础。分部分项工程成本分析的对象为已完成分部分项工程。分析的方法是：进行预算成本、目标成本和实际成本的"三算"对比，分别计算实际偏差和目标偏差，分析偏差产生的原因，为今后的分部分项工程成本寻求节约途径。

分部分项工程成本分析的资料来源是：预算成本来自投标报价成本，目标成本来自施工预算，实际成本来自施工任务单的实际工程量、实耗人工和限额领料单的实耗材料。

由于施工项目包括很多分部分项工程，不可能也没有必要对每一个分部分项工程都进行成本分析。特别是一些工程量小、成本费用微不足道的零星工程。但是，对于那些主要分部分项工程则必须进行成本分析，而且要做到从开工到竣工进行系统的成本分析。

这是一项很有意义的工作，因为通过主要分部分项工程成本的系统分析，基本上可以了解项目成本形成的全过程，为竣工成本分析和今后的项目成本管理提供一份宝贵的参考资料。

2. 月（季）度成本分析

月（季）度成本分析，是施工项目定期的、经常性的中间成本分析。对于具有一次性特点的施工项目来说，有着特别重要的意义。因为通过月（季）度成本分析，可以及时发现问题，以便按照成本目标指定的方向进行监督和控制保证项目成本目标的实现。月（季）度成本分析的依据是当月（季）的成本报表。分析的方法通常有以下几个方面：

（1）通过实际成本与预算成本的对比，分析当月（季）的成本降低水平；通过累计实际成本与累计预算成本的对比，分析累计的成本降低水平，预测实现项目成本目标的前景。

（2）通过实际成本与目标成本的对比，分析目标成本的落实情况，以及目标管理中的问题和不足，采取措施，加强成本管理，保证成本目标的落实。

（3）通过对各成本项目的成本分析，可以了解成本总量的构成比例和成本管理的薄弱环节。例如，在成本分析中，发现人工费、机械费和间接费等项目大幅度超支，就应该对这些费用的收支配比关系认真研究，并采取对应的增收节支措施，防止今后再超支。如果是属于规定的"政策性"亏损，则应从控制支出着手，把超支额压缩到最低限度。

（4）通过主要技术经济指标的实际与目标对比，分析产量、工期、质量、"三材"节约率、机械利用率等对成本的影响。

（5）通过对技术组织措施执行效果的分析，寻求更加有效的节约途径。

（6）分析其他有利条件和不利条件对成本的影响。

3. 年度成本分析

企业成本要求一年结算一次，不得将本年成本转入下一年度。而项目成本则以项目的寿命周期为结算期，要求从开工到竣工到保修期结束连续计算，最后结算出成本总量及其盈亏。由于项目的施工周期一般较长，除进行月（季）度成本核算和分析外，还要进行年度成本的核算和分析。这不仅是为了满足企业汇编年度成本报表的需要，也是满足项目成本管理的需要。因为通过年度成本的综合分析，可以总结一年来成本管理的成绩和不足，为今后的成本管理提供经验和教训，对项目成本进行更有效的管理。

年度成本分析的依据是年度成本报表。年度成本分析的内容，除了月（季）度成本分析的六个方面以外，还有重点针对下一年度的施工进展情况规划切实可行的成本管理措施，以保证施工项目成本目标的实现。

4.竣工成本的综合分析

凡是有几个单位工程而且是单独进行成本核算（即成本核算对象）的施工项目，其竣工成本分析应以各单位工程竣工成本分析资料为基础，再加上项目经理部的经营效益（如资金调度、对外分包等所产生的效益）进行综合分析。如果施工项目只有一个成本核算对象（单位工程），就以该成本核算对象的竣工成本资料作为成本分析的依据。

单位工程竣工成本分析，应包括以下三方面内容：

（1）竣工成本分析。

（2）主要资源节超对比分析。

（3）主要技术节约措施及经济效果分析。

三、水利水电工程造价控制不力的成因分析

（一）前期决策阶段的影响因素

1.可行性研究深度不够

决策阶段核心的工作是明确项目目标定义，即投资数额、质量标准、进度要求等。在国内的重大工程中，盲目决策造成的投资浪费和效率损失无法估量。目前在可行性研究阶段，建设单位委托设计单位、勘察设计单位编制可行性研究报告，并编制投资估算。可行性研究是项目投资前的一项研究工作，对拟建项目的必要性、可能性及经济、社会有利性进行全面、系统、综合的分析和论证。既要研究可行的一面，又要研究不可行的一面，既要重视社会效益，也不可忽视经济效益，切实做好项目可行性研究报告，科学进行工程项目的效益分析，合理确定工程的规模及建筑标准。目前，我国水利水电工程项目在可行性研究方面的深度不够，有些工程盲目上马。

一般情况下，确定某个建设项目的具体地址，需要经过建设地区选择和建设地点选择这样两个不同层次、相互联系又相互区别的工作阶段。建设地区选择的合理性，在很大程度上决定着拟建项目的命运，影响着工程造价的高低、建设工期的长短、建设质量的好坏，还影响到项目建成后的运营状况。对于水利水电工程项目来说，由于水利水电项目的特殊性，在选址问题上的疏忽，不但会给国家带来巨大的经济损失，还会带来严重的生态破坏。所造成的影响，远远超过了工程带来的收益。

2.工程投资估算缺乏科学性

由于决策阶段以经济分析和方案为主、工程量不明确，所以本阶段的投资估算，准确性较差，同时由于建设单位通常不是投资估算和造价控制的内行，而且对工艺流程和方案缺乏认真研究，降低了估算的准确性。为了保证工程建设项目的顺利进行，我国建设项目

设计文件的审批权限按工程投资规模大小来确定,投资规模越大,审批部门的级别就越高,审查程序较为复杂和严格,审批时间也较长;投资规模越小,审批部门的级别就越低,审查程序相对简单,审批时间也较短。这样的管理措施可以保证我国的基本建设是有计划进行的,国家根据国民经济发展需要和国家财力确定工程建设计划,特别是大型的水利工程项目,一旦投资失控,国家财力将难以承受,甚至会影响到国家的宏观发展战略和国民经济计划目标的实现。然而,有些建设部门从自身利益出发,为了能使工程项目早日上马,往往人为压缩工程投资,简化审批手续和难度,投资不够再调整概算,一次次地追加投资,结果形成"投资无底洞,工期马拉松"式的钓鱼工程。为了防止此类情况的发生,只有加强项目决策的深度,采用科学的估算方法和可靠的数据资料,合理地估算投资额,才能保证其他阶段的造价被控制在合理范围,避免"三超"(概算超估算、预算超概算、决算超预算)现象的发生。

3. 投资主体不明确

造成投资决策失误的深层原因是投资主体不明确,缺乏自我约束机制。原国家计委针对投资主体职、权、利不明的状况,已做出如下规定:建设项目要首先明确投资责任主体,必须先有法人后进行建设,积极实行项目法人制度。由项目法人对项目的策划、资金筹措、建设实施、生产经营、债务偿还和资产的保值增值实行全过程负责。水利产业政策对水利工程的乙类工程项目(经营为主),也已明确要求实行项目法人责任制和资本金制度,并要求积极创造条件,逐步对甲类(公益为主)工程项目也实行项目法人责任制。

(二)工程设计阶段的影响因素

工程实践证明,工程造价与勘测设计深度、质量密切相关,特别是工程地质勘查成果准确与否,对工程影响更为突出。下面对该阶段投资失控的原因进行分析:

1. 工程限额设计未有效推行

限额设计是控制水利工程造价,节约建设投资的有效办法。为了推行限额设计,设计人员应按照批准的设计任务书和投资控制数进行设计,避免突破已批准的投资控制数。实行限额设计,对提高设计质量、防止高估冒算及"钓鱼项目"的发生有积极的作用。然而,我国水利水电工程建设过程中,由于初步设计深度不够和施工设计保守而形成投资缺口的情况依然存在。我国的基本建设工程一般采用初步设计、施工图设计的两阶段设计方式。大型项目则采用初步设计、技术设计、施工图设计三阶段设计,各个设计阶段有特定的深度要求。但某些设计单位过于重视经济效益,忽视了设计的质量。在初步设计阶段,方案比选深度不够。图纸审核把关不严,认为初步设计以后,还有施工图设计,往往缺乏深入细致的调查研究,错漏项较多。而在施工图设计阶段,由于每一张图纸都要付诸实施,所以不能有半点疏忽,如果设计有问题,施工中马上就会暴露出来,不但会造成重大经济损失,而且会影响设计人员的声誉,对国家对设计者都是不利的。因此,设计人员思想上容易偏于保守，人为扩大了一些设计参数的取值，这样势必要增加工程投资。初步设计达不到应有的深度，施工图设计又过于保守，当两者之间出入较大时，就形成了投资缺口。

水利工程的建设，在项目的前期阶段如项目建议书、可行性研究阶段就需要设计单位的介入，做一些现场勘察、地质勘查工作。但是当项目进入初步设计或施工图设计阶段时，对设计单位的选择要想引入竞争机制是非常困难的，因为一般只有继续用前期阶段的设计单位，他们已掌握了大量的项目基础资料，情况也比较熟悉，其他设计单位难以与其进行公平竞争。设计单位的选择不能有效竞争，难以实行限额设计。

2. 概预算文件质量不高

按照我国基本建设程序规定，设计概预算文件是国家控制工程建设投资总额、编制基本建设计划和实行投资包干的主要依据。概预算文件质量高低，投资计算准确与否，直接影响工程投资的有效控制。由于我国长期以来在基本建设中，只重视建设，忽视了经济管理，以致概预算文件粗制滥造，错漏项较多，不能真实地反映工程的实际造价，失去了概预算作为国家合理确定工程投资，控制工程造价的最基本的作用。此外，由于现实施工工艺、条件的复杂性，水利系统现行的概预算定额和费用标准难以涵盖、市场物价波动较大等因素，也是造成该阶段水利水电工程投资失控的重要客观原因。

3. 水利水电工程定额体系不完善

水利工程定额、费用标准和编制办法是确定工程造价的主要依据之一，但水利工程定额在整个行业内尚未形成完整的体系。

总体来看纵向——还缺乏完整的部颁、省颁水利工程造价的计价依据，急需补齐全过程的水利工程造价标准法规；横向——各省、市均根据自身情况分别采用各自的办法、标准和定额，容易造成同类工程标准不统一，量值不一致，客观上增加了纵、横向全过程造价管理工作的难度。

此外，现行计价模式内容和形式繁杂，适用性和操作性差。计算项目太多，且招标、施工、审计等不同位置人员用相同的规则计算工程量，用相同的定额和费率计算造价，重复劳动，造成人力资源浪费。

必须尽快颁发独立完整的水利工程部颁定额，更好地规范和指导全国水利行业的投资文件编制工作。在定额结构和内容组成上，补充增加目前随科技、设计技术发展出现的"四新"内容以及工程老化后需加固、维修、拆除的相应定额等。加快造价软件的标准化建设和水利行业造价信息网络的建立，共同享用信息资源，以利于造价文件的编制、审核、管理。现行水利工程概预算编制办法和费用标准，要从费用设置、费用划分等基本问题上进行改革，真正做到量、价、费分离，尽量避免时间、地域对工程造价的不正常影响。加强对工程动态投资计算方法的理论研究，对于不同类别、不同投资渠道、不同工程等级的水利建设项目，在费用标准上应加以区分，力求投资的适度平衡。

（三）工程招投标阶段的影响因素

1. 招投标过程不规范

在水利水电工程建设招投标中，存在程序不规范、方法欠公开的问题。如：有的开标阶段不公开标底、评标办法、评标量化标准和定标办法，评标、定标阶段不公开，实行封闭评标，等等。这些问题的存在，不可避免地增加了人为因素对于评标、定标结果的影响。

在管理方面，建筑工程勘察设计项目承包，基本上未实行招投标管理，而是由建设单位和勘测设计单位自行协商确定。致使越级勘察、无证设计现象时有发生。同时，机电设备等物资物料未招标，消防产品、设施安装招标也还处在试点阶段。由于管理上的这些漏洞，造成了目前水利水电工程招投标阶段的不规范。

另外，建设单位执行基本建设程序上不招标或私自招标问题时有发生。形成水利水电建设招投标工作上述局面的原因是复杂的，但究其主要原因，还是管理体制的弊端和认识上的不到位以及执法上的"软"造成的。

（1）没有一个权威的统揽全局的招投标管理机构。

（2）工程管理单位对招投标程序的公开性、规范性、实行公开招投标的必要性认识不足，理解片面。

（3）水行政主管部门执法力度不够。

2. 招投标缺乏监督机制

水利水电工程招投标管理体制上条块分割、各自为政，若干个招投标管理机构并存。目前，各级水行政主管部门没有成立水利水电工程招投标管理机构。其原因如下：

（1）工程管理单位既是工程建设单位，又是工程招投标管理监督单位，同时扮演着运动员和裁判员的双重角色。

（2）有的工程管理单位招投标工作，片面强调其特殊性、复杂性，招投标中随意性、主观性大，人为因素突出，缺乏应有的公平、公正、公开的原则。

（3）监督难以到位。招投标工作大多是领导定原则，招投标小组定方案、具体操作（开标、评标、定标）。监督人员到现场，只能证明程序合法，其他的基本管不了。

此外，目前的招投标监督管理在水平和力度上也存在问题。由于目前的行政监督往往是招标人上级主管部门，有些工作人员由于起码的招标政策和业务都不具备，所以对于违规操作往往由于专业的原因不能发现。另一方面现阶段招标人法定代表人往往还在原单位有一定职务，也不利于行政监督部门的监督有效进行。

（四）工程施工阶段的影响因素

1. 客观因素

（1）工程成本费用变化的影响。

改革开放以来，随着建筑材料市场开放，投资渠道多元化，对建筑材料价格进行了较大幅度调整，市场调节作用对工程造价的影响越来越大。

由于钢材以及有色金属价格的上涨（如铜、铝等的价格上涨幅度达到一倍以上），电气设备中的共享母线、电缆、配电装置、GIS系统等与之有关的设备价格也都大幅度上涨，其中电缆的价格与原概算相比上涨幅度达一倍以上。这样由于材料价格上涨引起的投资增加占原批准概算的11%以上，这样总投资超概算成为必然。

（2）自然条件。

从人口和水资源分布统计数据可以看出，中国水资源南北分配的差异非常明显。长江流域及其以南地区人口占了中国的54%，但是水资源却占了81%。北方人口占46%，水资源只有19%。这种水资源的分配不均，也造成了不同建设项目所面临的自然条件大相径庭。

建设项目区自然条件的优劣，反映在工程造价上相差甚大。水利水电工程的开发规律是先易后难，前期开发的水利水电工程，在地理位置、气候、水资源、土地资源、地形、地质和施工条件等方面都比较优越。工程建设条件较优越，投资极省，而后期兴建的水利水电工程项目则上述各种条件相对较差，工程建设难度加大，投资也较多。

例如，西北地区是干旱地区，自然条件十分恶劣，要大力发展西北地区水利工程的同时，实现社会、经济的可持续发展和保护改善生态环境。这就要求水利建设不仅仅是修堤、筑坝、建库、打井、开渠、挖洞、发展灌溉、向城镇工矿供水等，这种狭义的水利工程建设。我们必须从该地区整体的自然条件等方面考虑，从长期利益出发，来建设水利工程。达到水资源的合理开发、高效利用、系统管理，并维护当地的生态环境。这就给水利工程建设提出了更高的要求，增加了准确进行水利工程造价的难度。例如，我国西北方地区岩石较南方地区风化程度高，虽然岩石级别不高，可在开挖过程中容易塌方，增加一些不可预见的费用；而在南方暴风雨较频繁，在项目施工过程中造成施工作业面的破坏，汛期加大防汛措施等。这些自然条件的因素都会引起造价的增加。

2. 主观因素

（1）工程造价人员素质不高。

工程造价管理的发展归根结底就是人才的发展。工程造价工程师是造价管理的中流砥柱。对于工程造价人才的培养和评审不能简单的"一试一审制"就涌现大量的"人才"，应该通过行业协会和专业资格评审委员会根据其学科理论和操作业绩进行科学的严密的考核来认证，尤其应突出对操作业绩的重视。

工程造价人员不仅要掌握概预算基本知识及技能，还应有广博的相关专业知识，如施工组织设计、业务水平。工程造价人员应积极参与设计、进行现场查勘、资料调研、合理确定施工组织设计。工程造价人员还应与设计人员密切配合，严格控制设计任务书规定的投资估算，做好多方案的技术经济比较，要在降低和控制工程造价上下功夫。在设计过程中应及时地对工程造价进行分析对比、反馈造价信息，能动地影响设计，保证有效地控制工程造价。

（2）施工现场管理不善。

工程建设管理中没有认真推行建设项目"三制"（项目法人责任制、工程招投标制、工程建设监理制），致使工程建设管理混乱、损失浪费严重，施工承包合同不完善，建管不一致，无人承担投资风险，工程建设方不对资产的增值负责，甚至有擅自挪用项目建设资金进行其他开支的事件发生，使建设过程中投资失控。

施工现场的管理不善主要体现在以下几个方面：材料控制不严，材料价格确定不合理；工程变更控制不严，导致造价上升；现场施工记录不详细，现场签证管理不严；因合同管理不善而导致的索赔。

第七节 施工成本控制的特点、重要性及措施

一、水利工程成本控制的特点

我国的水利工程建设管理体制自实行改革以来，在建立以项目法人制招标投标制和建设监理制为中心的建设管理体制上，成本控制是水利工程项目管理的核心。水利工程施工承包合同中的成本可分为两部分：施工成本（具体包括直接费、其他直接费和现场经费）和经营管理费用（具体包括企业管理费、财务费用和其他费用）。其中施工成本一般占合同总价的70%以上。但是水利工程大多施工周期长，投资规模大，技术条件复杂，产品单件性鲜明，不可能建立和其他制造业一样的标准成本控制系统，而且水利工程项目管理机构是临时组成的，施工人员中农民工较多，施工区域地理和气候条件一般又不利，这使得有效地对施工成本控制变得更加困难。

二、加强水利工程成本控制的重要性

企业为了实现利润的最大化，必须使产品成本合理化、最小化、最佳化，因此加强成本管理和成本控制是企业提高盈利水平的重要途径，也是企业管理的关键工作之一。加强水利工程施工管理也必须在成本管理、资金管理、质量管理等薄弱环节上狠下功夫，加大整改力度，加快改革的步伐，促进改革成功，提高企业的管理水平和经济效益。水利工程施工项目成本控制作为水利工程施工企业管理的基点，效益的主体、信誉的窗口，只有对其强化管理，加强企业管理的各项基础工作，才能加快水利工程施工企业由生产经营型管理向技术密集型管理，国际化管理转变的进程。而强化项目管理，形成以成本管理为中心的运行机制，提高企业的经济效益和社会效益，加强成本管理是关键。

三、加强水利工程成本控制的措施

1. 增强市场竞争意识

水利工程项目具有投资大、工期长、施工环境复杂、质量要求高等特点，工程在施工中同时受地质、地形、施工环境、施工方法、施工组织管理、材料与设备人员与素质等不确定因素的影响。在我国正式实行企业改革后，主客观条件都要求水利工程施工企业推广应用实物量分析法编制投标文件。

实物量分析法有别于定额法：定额法根据施工工艺套用定额，体现的是以行业水平为代表的社会平均水平；而实物量分析法则从项目整体角度全面反映工程的规模、进度、资源配置对成本的影响，比较接近于实际成本，这里的"成本"是指个别企业成本，即在特定时期、特定企业为完成特定工程所消耗的物化劳动和活化劳动价值的货币反映。

2. 严格过程控制

承建一个水利工程项目，就必须从人、财、物的有效组合和使用全过程上狠下功夫。例如，对施工组织机构的设立和人员、机械设备的配备，在满足施工需要的前提下，机构要精简直接，人员要精干高效，设备要充分有效利用。同时对材料消耗、配件更换及施工工序控制都要按规范化、制度化、科学化的方法进行，这样既可以避免或减少不可预见因素对施工的干扰，也可以降低自身生产经营状况对工程成本影响的比例，有效控制成本，提高效益。过程控制要全员参与、全过程控制。

3. 建立明确的责权利相结合的机制

责权利相结合的成本管理机制，应遵循民主集中制的原则和标准化、规范化的原则加以建立。施工项目经理部包括了项目经理、项目部全体管理人员及施工作业人员，应在这些人员之间建立一个以项目经理为中心的管理体制，使每个人的职责分工明确，赋予相应的权利，在此基础上建立健全一套物质奖励、精神奖励和经济惩罚相结合的激励与约束机制，使项目部每个人、每个岗位都人尽其才，爱岗敬业。

4. 控制质量成本

质量成本是反映项目组织为保证和提高产品质量而支出的一切费用，以及因未达到质量标准而产生的一切损失费用之和。在质量成本控制方面，要求项目内的施工、质量人员把好质量关，做到"少返工，不重做"。比如在混凝土的浇捣过程中经常会发生跑模、漏浆，以及由于振捣不到位而产生的蜂窝、麻面等现象，一旦出现这种现象，就不得不在日后的施工过程中进行修补，不仅浪费材料，而且浪费人力，更重要的是影响外观，对企业产生不良的社会影响。但是要注意产品质量并非越高越好，超过合理水平时则属于质量过剩。

5. 控制技术成本

首先是要制定技术先进、经济合理的施工方案，以达到缩短工期。提高质量、保证安全、降低成本的目的。施工方案的主要内容是施工方法的确定施工机具的选择、施工顺序的安排和流水施工作业的组织。科学合理的施工方案是项目成功的根本保证，更是降低成本的关键所在。其次是在施工组织中努力寻求各种降低消耗、提高工效的新工艺、新技术、新设备和新材料，并在工程项目的施工过程中实施应用，也可以由技术人员与操作员工一起对一些传统的工艺流程和施工方法进行改革与创新，这将对降耗增效起到十分有效的积极作用。

6. 注重开源增收

上述所讲的是控制成本的常见措施，其实是为了增收、降低成本，一个很重要的措施就是开源增收措施。水利工程开源增收的一个方面就是要合理利用承包合同中的有利条款。承包合同是项目实施的最重要依据，是规范业主和施工企业行为的准则，但在通常情况下更多体现了业主的利益。合同的基本原则是平等和公正，汉语语义有多重性和复杂性的特点，也造成了部分合同条款可多重理解或者表述不严密，个别条款甚至有利于施工企业，这就为成本控制人员有效利用合同条款创造了条件。在合同条款基础上进行的变更索赔，依据充分，索赔成功的可能性也比较大。建筑招标投标制度的实行，使施工企业中标项目的利润已经很小，个别情况下甚至没有利润，项目实施过程中能否依据合同条款进行有效的变更和索赔，也就成为项目能否盈利的关键。

加强成本管理将是水利施工企业进入成本竞争时代的有力武器，也是成本发展战略的基础。同时，施工项目成本控制是一个系统工程，它不仅需要突出重点，对工程项目的人工费、材料费施工设备、周转材料租赁费等实行重点控制，而且需要对项目的质量、工期和安全等在施工全过程中进行全面控制，只有这样才能取得良好的经济效益。

第六章 水利工程档案管理

水利档案管理工作是一项服务性、专业性很强的工作,需要给予高度重视,但个别单位领导认为档案工作是档案管理人员的事,虽然制定了相关的责任制,但大多流于形式。同时,部分档案管理人员对工作兴趣不大,对档案业务知识了解较少,有的甚至不了解档案整理标准,对档案工作缺乏及时、有效、准确的指导,导致了工作的被动性和盲目性。基于此,本章就对工程档案的管理进行叙述。

第一节 水利工程档案的定义和特点

一、水利工程档案的定义

为了揭示水利工程档案概念的内涵,加强水利工程建设项目档案管理,明确档案管理职责,规范档案管理行为,充分发挥档案在水利工程建设与管理中的作用,水利部曾对水利工程档案定义作了如下表述:

水利工程档案是指在水利工程前期、实施、竣工、验收等各阶段建设过程中形成的,具有保存价值的文字、图表、声像等不同形式的历史记录。水利工程档案工作是水利工程建设与管理工作的重要组成部分,是衡量水利工程质量的重要依据。在水利工程建设工作中,水利工程档案真实完整地记录了人类改造地貌、利用水资源、兴利避害的全过程,是水资源信息、项目管理信息、工程技术信息的重要载体形式,为水利工程建成后的管理、维护、改建、扩建等技术工作,以及相关的法律效力提供重要的依据和凭证。

水利工程档案的归档范围最早具有广泛性,随着管理规范的不断完善,水利工程档案的归档范围逐渐明确,但由于存在各个水利工程建设难度、水利工程建设规模、移民工程量等不一致的情况,各个水利工程建设单位普遍采用参照规范与实际结合的方法确定归档范围。

二、水利工程档案的特点

1. 专业技术性

工程档案是在工程建设活动中产生形成的，是按工程专业分工进行的。不同专业有着不同的技术内容和方法。在水利工程专业技术领域形成的工程档案，就集中反映和记录了水利工程专业技术领域的科技内容及相关的技术方法和手段。水利工程档案所具有的专业性特点，既与一般档案不同，也与其他不同专业技术领域形成的科技档案彼此之间相互区别开。

2. 成套性

水利工程建设活动，通常是以一个独立的项目为对象进行的。一个工程项目的设计和施工，必然形成若干相关的工程技术文件材料。这些文件材料全面记录了该工程项目活动的过程和成果，它们之间以不同的建设阶段相区别，又以总体的建设程序和建设内容相联系，构成了反映和记录该项工程建设活动的整体材料。

3. 现实性

一般档案文件归档以后基本上完成了现行功能，多是用来进行历史查考，水利工程档案则不同，它不仅没有退出现行使用过程，而且归档的大多数工程技术档案将在较长的时期内发挥现行效用，如在工程设计、对施工单位归档保存的计算数据和工程底图、蓝图进行设计、现场施工和作为套用的依据方面，工程档案同工程建设活动紧密联系、不可分离。

4. 多样性和数量大

工程档案多样性是说种类繁多，类型极为复杂，记录方式多种多样，在物质形态上呈现出多样化的鲜明特点。数量大是说工程档案与其他档案相比较，形成数量多、增长速度快、库藏量大。按照有关要求，工程档案资料一般要多套分库保存。

第二节　水利工程档案管理工作的意义和内容

一、水利工程档案工作的意义和必要性

水利工程档案是历史的记录，是水利科技档案的重要组成部分。它来源于工程建设全过程，不仅在建设过程中的质量评定、事故原因分析、索赔与反索赔、阶段与竣工验收及其他日常管理工作中具有重要作用，而且在工程建成后的运行、管理工作中，也是不可缺少的依据和条件。这就是说，水利工程档案准确、系统、全面、完整地反映和记录了水利工程项目建设的全过程，是水利工程建设宝贵的财富和信息资源。

要对历史负责，就一定要重视档案工作，这是国家赋予我们的责任。尤其是在"建立工程质量终身负责制"的今天，档案的凭证作用更为重要。如果忽视档案管理或者没有建立工程档案，造成档案资料的残缺或者不准确，其结果必然会影响工程的建设、管理和验收工作，也给工程档案资料的搜集、整理和利用造成不可弥补的损失。因此建立和加强水利工程档案管理工作，是项目建设管理工作的需要，也是国家和水利部的共同要求。它对领导决策和工程日后管理及提高社会经济效益、解决纠纷、保护部门利益等都具有重大意义。国家档案部门和水利部明确规定，工程档案达不到要求的建设项目不能进行竣工验收。为实现优质工程、优质档案的管理目标，就必须建立完整、准确、系统、翔实可靠的档案材料，只有这样，我们才能对历史负责，更好地完成历史与现实赋予我们的重任。

二、建立水利档案的步骤

建立水利工程档案，按照水利部要求一般要经历以下几个步骤：

首先，水利工程建设项目的领导要对工程档案工作给予高度的重视，落实领导责任制，明确分管档案工作的领导和专兼职档案工作人员，成立档案工作领导小组，建立集中统一的档案管理网络系统，统一组织协调工程建设的档案工作。

其次，根据国家有关档案管理工作的规章制度，建立健全本单位的工程档案管理工作制度。这些制度的内容应包括：工程档案工作的性质、任务及其管理体制；工程档案的作用及其与工程建设项目之间的关系；工程档案资料的形成与整理的主体（由谁负责）；工程档案包含的具体内容及各类档案材料的分类方案与保管期限表；工程档案资料的整理标准及归档时间与份数。此外，为进一步加强档案的管理工作，各单位在建立档案管理制度的同时，还应建立档案的保管、保护与安全及有效利用制度。

再次，将工程档案工作纳入相关的管理工作程序和有关人员的职责范围，明确和建立各建管单位、设计、招标代理、监理、施工、设备生产、检测等参建单位应履行的档案责任制。

最后，档案部门和档案人员要认真履行职责，加强对工程文件材料的形成、积累、整理工作及项目档案的动态监督、检查指导。

三、水利工程档案工作的内容及基本原则

1. 水利工程档案工作的内容

水利工程档案工作的内容包括宏观管理和微观管理两个方面的内容：

（1）宏观管理

水利工程档案工作的宏观管理，是指对整个水利工程档案工作实行统一管理，组织协调，统一制度，监督、指导和检查。它的内容主要包括：各级水利工程建设单位档案机构

的设置和职责范围以及档案队伍建设工作；水利工程档案业务指导工作；水利工程档案工作的规章制度、工程档案工作的标准化和工程档案工作的现代化等。

（2）微观管理

水利工程档案工作的微观管理，是指实施各项具体业务建设的原则和方法以及组织、协调工程各参建单位档案管理工作。

水利工程档案的各项业务建设，是指按照科学的原则和方法对水利工程建设中形成的文件材料进行专门的管理，其具体内容有：

1）档案的收集工作，即把分散形成的，具有保存和查考利用价值的工程档案收集起来，实行集中保存和管理。

2）档案的整理工作，即把集中管理起来的工程档案分门别类、系统排列和科学编目，以便于安全保管，目的是最大限度地满足利用要求。

3）档案的鉴定工作，即鉴别工程档案的利用和保存价值，确定档案的保管期限，并对已到保管期限的档案重新进行鉴定以确定继续保存或剔除销毁。

4）档案的保管工作。即采取一定的措施，保护工程档案的完整和安全，保守国家机密，防止并克服各种自然的和人为的不利因素对工程档案的破坏，利用各种现代科学技术手段和现代化设施，最大限度延长工程档案的保管寿命。

5）档案的统计工作，就是通过工程档案数量的积累和数量分析，了解并掌握档案数量变化和质量情况、业务管理工作中的有关情况及其规律性。

6）档案的检索工作，即运用一系列专门方法将档案的信息内容进行加工处理，编制各种各样的检索工具（目录），并运用这些检索工具为利用者查找到所需档案。其意义与价值是为开展利用档案信息架设桥梁，锻造并提供打开档案信息宝库的钥匙。

7）档案的编研工作，编研是一项研究性的工作。其基本任务是对档案内容进行编辑、研究、出版等，将档案信息主动开发提供给社会和水利工程建设者利用。其意义与价值在于拓展档案信息发挥作用的空间范围和时间跨度，充分有效地发掘并实现档案信息的潜在价值，扩大档案工作的社会影响，促进社会对档案工作的认识和了解，增强社会各界的档案意识。

8）档案的利用工作，即创造各种条件，积极、主动开发档案信息资源，最大限度地满足社会和水利建设事业对档案的利用需求和提供服务。其意义与价值：一是直接实现档案价值，使档案发挥其应有作用；二是沟通档案工作与社会和工程建设的联系，检验评价档案管理工作的总体状况、水平和工作成效。

2. 水利工程档案工作的基本原则

"档案工作实行统一领导、分级管理的原则，维护档案完整与安全，便于社会各方面的利用。"这是用国家法律的形式确定了我国档案工作的基本原则。"应当按照集中统一管理科技档案的基本原则，建立、健全科技档案工作，达到科技档案完整、准确、系统、安全和有效利用的要求。"毫无疑问，水利工程档案工作应当贯彻执行这一基本原则。

（1）水利工程档案要实行集中统一管理

水利工程档案实行集中统一管理，表现在以下三个方面：

1）按照档案法的有关规定，国家机关、企事业单位形成的档案，必须按照规定定期向本单位档案机构或者档案工作人员移交，集中统一管理，任何个人和集团不能据为己有。水利工程档案要为水利建设事业服务，为水利各项工作的需要服务。

2）按照《科学技术档案工作条例》按专业分级管理的要求，水利工程档案按工程项目实行集中统一管理。各级水利行政主管部门和水利工程建设项目法人按照国家有关档案工作的统一规定和要求，结合水利工程建设项目的情况和特点，制定本工程系统档案工作的规划、制度和办法，对本系统本工程的档案工作进行指导和监督，保证国家有关档案工作的方针政策在本系统、本工程得到贯彻执行。

3）水利工程档案工作要有统一的管理制度。水利工程档案工作制度是整个水利工程建设和管理制度的一项内容和有机组成部分。

（2）水利工程档案要达到完整、准确、系统和安全

1）水利工程档案的完整，就是要求工程档案资料齐全成套，不能缺项。如工程建设不同阶段的档案资料要齐全，每个阶段产生的各类档案资料（包括纸质档案、电子档案、声像档案等各种载体材料的档案资料）也要齐全。

水利工程档案是整个工程建设活动的历史记录，它客观反映和客观记录了工程建设的全过程，这是工程档案最基本的功能和特征，因此，水利工程档案必须完整。

齐全完整、真实客观的工程档案材料既彼此区别，又互相联系，形成了一个具有严密有机联系的整体。只有这个工程档案整体才能反映该项工程的全部情况和历史过程，才能为工程管理提供真实客观的依据和利用。因此，水利工程档案管理工作的重要任务之一，就是要维护这个整体的完整，维护工程档案的齐全成套。

2）水利工程档案要达到准确。水利工程档案要达到准确，就要保证工程档案所反映的内容准确，包括文字、数字、图表、图形都要准确，特别是竣工图要能准确反映工程建设的实际状况，确保工程档案的质量和真实性。

准确性是对所有科技档案的一个普遍性的要求，但是对工程档案、设备档案、产品档案准确性的要求尤为严格，这是因为这几种档案容易出现失真、失准问题。工程建设项目档案不准确的原因主要有：一是工程中的变化情况，没有在竣工图中得到反映，或没有编制竣工图；二是工程中一些表格反映的数字有的失真失准；三是工程在管理、使用、维护、改建、扩建过程中的变化情况，没有反映到工程建设档案中。

3）水利工程档案必须系统、安全。水利工程档案的系统，就是要求所有应归档的文件材料，保持相互之间的有机联系，不能割裂分离、杂乱无章，相关的文件材料要尽量放在一起，特别要注意工程项目文件材料的成套性。

维护水利工程档案的安全，就是既要注意保护工程档案机密又要防止档案材料的丢失。要求必须具备符合档案保管要求和条件的档案库房，不断改善和加强保护措施，注意延长工程档案的寿命，防止工程档案遭到损坏、散失，防止档案泄密和丢失。

（3）水利工程档案的有效利用

水利工程档案的有效利用，是指要大力开发水利工程档案信息资源，充分发挥工程档案的作用，满足利用者对档案的需要，及时、准确地提供工程档案为社会和水利建设服务，这是水利工程档案工作的出发点和根本目的。档案工作做得是否有成效，主要是用档案工作的社会效益和经济效益来衡量。同时，这便于社会和水利建设对工程档案的利用，也是保证工程档案工作得以发展的重要条件。

水利工程档案工作基本原则的三个组成部分，是相互联系又辩证统一的有机整体。水利工程档案只有实行集中统一管理，才能够达到完整、准确、系统和安全的要求，其最终目的又是为了有效地利用。反过来，有效地利用，有助于促进工程建设者做好工程文件材料的形成、积累、整理和归档工作，更好地实现工程档案的集中统一。所以，应该全面地理解和贯彻执行工程档案工作的三项基本原则。

第三节　水利工程档案管理工作的基本要求

一、各级建设管理部门和参建单位档案管理工作职责

各级建设管理部门和参建单位应加强领导，将档案工作纳入水利工程建设与管理中，建立健全档案管理机构，明确相关部门和档案专（兼）职人员的岗位职责，确保水利工程档案工作的正常开展。

1.项目法人档案管理主要职责

按照水利工程建设项目档案管理规定，项目法人对水利工程档案工作负总责，须认真做好自身产生档案的收集、整理、保管工作，并加强对各参建单位归档工作的监督、检查和指导。其档案管理主要职责为：

（1）贯彻执行有关法律、法规和国家有关方针政策，建立健全工程档案管理办法和档案工作规章制度并组织实施，推行档案管理工作的标准化、规范化、现代化。

（2）负责组织、协调、督促、指导和检查各参建单位与各级建管单位档案工作及本单位部门档案的收集、整理、归档工作，加强归档前文件材料的管理。档案管理人员会同工程技术人员对文件材料的归档情况进行定期检查，实行动态跟踪管理，审核验收归档案卷。

（3）集中统一管理项目法人本单位各部门和直接建设管理工程的全部档案资料，实行文档一体化管理。编制档案分类方案、归档范围和保管期限表及检索工具，做好档案的接

收、移交、保管、统计、鉴定、利用等工作，为工程建设管理服务。

2. 各级建管单位档案管理主要职责

（1）对项目法人负责，集中统一管理本建管单位负责建设管理工程的全部档案资料。

（2）负责督促、指导、检查所属工程建设管理项目档案的收集、整理、归档工作。

（3）按有关规定向项目法人上报本单位立卷归档的档案案卷目录、卷内目录、纸质档案和相应光盘。

3. 各参建单位档案管理主要职责

各参建单位应采取有效措施，确保所建项目整个过程各种载体、全部档案资料的动态跟踪管理正常进行。工程建设的专业技术人员和管理人员是归档工作的直接责任人，须按要求将工作中形成的应归档文件材料，进行收集、整理、归档。工程项目经理应为项目档案管理第一责任人，在提出工程预付款申请及分部、单位工程验收申请时，上报已有档案案卷目录、卷内目录及档案资料和相应光盘。

（1）勘测设计单位应根据有关要求分项目、按设计阶段对应归档的勘测设计材料原件进行收集、整理和立卷，按规定移交项目法人。

（2）施工及设备制造承包单位负责所承担工程文件材料的收集、整理、立卷和归档工作。应加强归档前档案资料的管理工作，严格登记，妥善保管，会同工程技术人员定期检查文件材料的整理情况，及时送交相应监理单位签署审核与鉴定意见。

（3）监理单位档案管理职责为：监理单位负责对工程建设中形成的监理文件材料进行收集、整理、立卷和归档；督促、检查施工承包单位档案资料的整理工作，对施工档案资料及时签署审核与鉴定意见。总包单位对各分包单位提交的归档资料应履行审核、签署手续，并由监理单位向项目法人提交审核工程档案内容与整理质量情况的专题报告。

（4）项目法人委托的代理机构应对在本业务中产生的全部文件材料负责，按项目法人档案管理办法，对应归档的文件材料进行收集、整理立卷，按规定移交项目法人。

二、水利建设项目工程档案管理基本要求

项目工程档案管理工作是一个系统工程。它在工程发展中环环相扣，段段相连，步步延伸，逐渐形成。每一个环节所形成的档案材料的质量，反映了工程管理水平和质量，最终决定了整个工程档案质量。因此档案工作要从源头抓起，采取有效措施和制度，抓好档案形成和过程管理，才能创精品工程，出精品档案。以下是按照国家和水利部有关规定和要求执行落实的几项管理制度：

1. 项目工程档案"三参加"管理制度

"三参加"管理制度是国家和水利部为加强科技档案工作早就明确规定的。各工程必须施行、落实档案人员的"三参加"制度。"三参加"的主要内容为：

一是档案人员参加工程项目的有关专业（布置工作）会议制度，让档案人员及时了解工程的进展情况、汇报档案工作的完成情况以及遇到的困难和问题，以使领导给予重视和支持。

二是参加设备开箱工作。目的是对设备出厂文件及时进行登记、收集，监控设备出厂技术文件、图纸，确保设备出厂文件材料能够齐全、完整地归档，防止散失。

三是参加项目的评审、鉴定、验收活动。重点是工程档案的预验收，在工程竣工验收时，档案人员配合工程技术人员，检查施工单位在施工、安装等过程中形成的记录、实验报告、质量评定等内容是否真实、准确，有无施工单位、监理单位、建设单位的审核、签字，竣工图是否与实物相符，工程负责人、技术负责人、编制人的签字是否完备，编制时间是否准确，甚至有无监理部门的审核等都要作为重点进行检查。对检查出来的问题，提出具体整改意见和时间要求，确保竣工档案能够按时、完整、准确移交。

2.项目工程档案"四同步"管理制度

"四同步"管理制度，即"工程档案工作与工程建设进程的四个同步管理"。它是指在工程建设过程中，工程的各有关部门在抓工程建设的同时，注意抓好工程档案的管理工作。应将工程档案工作贯穿于水利工程建设程序的各个阶段，实现工程项目档案工作与工程建设的同步进行、同步完成。其具体内容是：从项目立项水利工程建设前期就进行文件材料的收集和整理工作；在签订有关合同、协议时，应对水利工程档案的收集，整理、移交提出明确要求；检查水利工程进度与施工质量时，要同时检查水利工程档案的收集、整理情况；在进行项目成果评审、鉴定和水利工程重要阶段验收与竣工验收时，要同时审查、验收工程档案的内容与质量，并做出相应的鉴定评语。

为什么要进行"工程档案工作与工程建设进程的同步管理"？这是因为，在工程建设过程中的不同时期或阶段，都会产生大量的原始材料（如合同、协议、施工设计、施工记录、质检材料等），如果能及时地将这些应归档的原始材料收集整理起来在当时还比较容易。随着工程建设进程的不断深入，文件材料就会越积越多，如果在工程建设的不同阶段，不能及时完成应归档材料的收集整理工作，对工程档案的完整、准确和系统必将产生十分不利的影响。如果到竣工阶段再进行文件材料的收集整理工作，一定会造成意想不到的困难。到这时就会由于时间过长、管理体制变化，或者工程技术人员的工作变动，必然会造成有关工程档案资料之间的关系不清（不同阶段的文件材料可能混杂在一起），应归档的材料不全（散存在个人手中或者已经丢失），竣工图编制不准确（未对施工变更部分及时进行修改）等问题。其中有的问题，在当时是比较容易弥补和避免的。残缺不全或不成系统的工程档案资料不但给整理工作带来困难，而且对日后工程档案资料的利用都会留下十分严重的隐患。所以参与工程建设的各方都要对此予以足够的重视，将工程项目档案与工程建设的同步管理、同步完成落到实处。

实行"三参加""四同步"管理制度的根本目的，就是要加强档案的收集工作，从源头上控制档案管理与工程建设同步进行，把住各个关键环节，确保工程档案能够完整、准确、系统地收集到档案部门，以便日后为工程各项工作提供更好的服务。

3.水利工程档案评比及验收考核制度

建立和实行工程档案评比及验收考核制度，是衡量和确保全部工程档案质量与效果的重要措施和手段。优良工程的档案质量等级必须达到优良，档案资料质量（特别是竣工图）达不到规定要求的，应限期整改，仍不合格的，不得进行工程验收和进行质量等级评定，项目法人不得返还工程质量保证金。

第四节 水利工程档案案卷划分及归档内容与整编要求

一、水利工程档案案卷划分及归档内容

同一工程项目建设管理，各参建单位因其工作职责不同，归档内容各异，现分述如下：

1.勘测设计单位案卷划分及归档内容

勘测设计单位案卷划分及归档内容，见表6-1。

表6-1 勘测设计单位案卷划分及归档内容

卷次	案卷题名	归档内容	备注
第一卷	设计管理及设计文件	设计委托书、合同、协议；设计计划、大纲；总体规划设计；初步设计批复，初步设计及附图；施工图设计批复，施工图设计文件及附图，有关附件和设计变更；设计评价、是鉴定及审批；关键技术实验	以单位工程或建筑物为单位组卷
第二卷	设计依据及基础材料（提交案卷目录、卷内目录及光盘）	设计所采用的国家和部委颁布的标准、规范、规定、规程等（提交目录）；工程地质、水文地质资料、地质图；勘察设计、勘察报告、勘察记录、化验、试验报告；重要岩土样及有关说明；地形、地貌、控制点、建筑物、构筑物及重要设备安装测量定位、观测记录；水文、气象、地震等其他设计基础材料	以单位工程或建筑物为单位组卷
第三卷	照片、录音、录像及电子文件资料	设计审查会议文件及多媒体光盘；设计管理文件、设计文件及附图电子版光盘；照片及数码底片光盘	以单位工程或建筑物为单位组卷
第四卷	其他		

2.招标（代理）单位案卷划分与归档内容

招标（代理）单位案卷划分与归档内容，见表6-2。

表 6-2　招标（代理）单位案卷划分与归档内容

卷次	案卷题名	归档内容	备注
第一卷	招标会议文件	有关领导讲话；评标委员会成员名单；评标报告；招标人标底；水利工程建设项目评标专家抽取名单；问题澄清通知及答复；答疑文件（需解决的问题）；××工程招标公证书；投标人签到表、报价记录、报价得分计算表、投标人报价得分汇总表；评标委员会审查意见（综合与商务组、技术组）	以招、投、评标会议为单位组卷
第二卷	招标文件	按标段或内容	以标段或单位工程组卷
第三卷	投标文件	按标段或内容	以标段或单位工程组卷
第四卷	招标现场查勘、开标会议照片、录音、录像及电子文件资料	照片及数码底片光盘；原始录像带；编辑后的录像光盘；全部纸质文件电子版光盘	
第五卷	其他		

3.施工单位案卷划分与归档内容

施工单位案卷划分与归档内容，见表 6-3。

表 6-3　施工单位案卷划分与归档内容

卷次	案卷题名	归档内容	备注
第一卷	施工管理资料	中标通知书；施工合同、协议及补充合同、协议；工程开（竣）工报告；开（竣）工报告及批复、报审单、质量保证体系审单、进场设备报验单、建筑材料报验单、施工放样报验单；工程设计交底；工程技术要求、工程设计交底、图纸会审纪要；工程施工进度计划报审单与调整施工进度计划报审单；工程量计量认证资料；工程量计量申报书；停工复工资料；工程暂停通知、复工申请、复工通知；工程联系函；主送业主抄送监理函件、主送监理抄送业主函件；工程款拨付及工程结算资料；档案管理文件、组织框图、计划及考核细则	单位工程组卷
第二卷	施工组织设计与技术方案	工程施工组织设计；（单位）工程施工组织设计报审单、（单位）工程施工组织设计；工程施工技术方案；（分部）工程施工技术方案报审单、（分部）工程施工技术方案；单项工程施工技术方案	单位工程组卷
第三卷	工程材料质量保证资料	钢筋、水泥、沙石料等原材料、成品、半成品出厂合格证及检验或复试报告；原材料、成品、半成品施工现场复检质量鉴定报告或抽样检测试验资料；建筑材料试验报告；材料、零部件、设备代用审批单。	单位工程组卷
第四卷	仪器设备质量保证及安装调试资料	仪器设备出厂合格证、使用说明书、质量保修书；仪器设备开箱检查记录；仪器设备交货验收记录；仪器设备安装记录；仪器设备检测报告；仪器设备调试记录；仪器设备试运转记录；检查建筑物防水层等；其他	单位工程组卷

续表

卷次	案卷题名	归档内容	备注
第五卷	施工试验资料	碾压试验报告；土石方含水量、干密度试验报告；水泥砂浆、混凝土配合比及抗冻抗渗试验通知单；水泥砂浆、混凝土抗压强度抗冻、抗渗试验报告单；桩基静载、动力检测试验报告；高喷板墙围井注水试验报告；管道焊接试验，检查探伤报告；管道密封、压力试验报告；防水工程蓄水、注水试验记录；玻璃幕墙淋水试验记录；其他	单位工程组卷
第六卷	施工测量、基础工程记录资料	施工放线测量记录、施工控制测量记录、竣工测量记录；地基允许承载力复查报告、岩土试验报告、基础处理、基础工程施工图、地质描绘图及有关说明；水工建筑物测试及沉陷、位移、变形等观测记录	单位工程组卷
第七卷	工程质量检测资料	施工记录；交工验收记录（包括单项工程的中间验收）；事故处理报告及重大缺陷处理和处理后的检查记录；其他	单位工程组卷
第八卷	工程质量检测资料	工程质量自检资料；工程质量检测报告（检测单位）	单位工程组卷
第九卷	工程质量评定资料	单位工程质量检验评定表、单位工程质量评定表、单位工程外观质量评定表、单位工程质量保证资料核查表；分部工程质量评定资料；单元工程质量评定资料；工程检验认可资料；工程报验单、工程检验认可书	单位工程组卷
第十卷	工程验收资料	单位工程验收资料；单位工程验收申请报告、单位工程验收鉴定书；分部工程验收签证；隐蔽工程验收记录	单位工程组卷
第十一卷	施工工作报告	工程施工管理工作报告（施工小结）；工程施工日记、大事记	单位工程或标段组卷
第十二卷	竣工图	竣工图编制说明；竣工图（含变更设计通知单）；竣工数量表	单位工程组卷
第十三卷	设计变更	设计变更；工程更改洽商单、通知单	单位工程组卷或与竣工图组卷
第十四卷	竣工会议文件	验收请示与批复；会议日程；工程竣工验收报告；设计、施工、管理、监理、质量评定、质量监督、建设管理、征地补偿及移民安置、档案资料自检、重大技术问题、运行管理准备工作报告等；竣工结算；竣工验收鉴定书	单位工程组卷
第十五卷	照片、录音、录像及电子文件资料	照片及数码底片光盘；编辑后的施工录像资料光盘	
第十六卷	其他		

二、水利工程档案资料组卷及整编要求

1. 工作目标

实现水利工程档案案卷质量的标准化、规范化、数字化。

2. 组卷及整编要求

（1）组织案卷。

1）组卷原则：案卷是由若干互有联系的文件组合而成的档案保管单位。组成案卷要

遵循文件的形成规律，保持案卷内文件材料的有机联系，相关的文件材料应尽量放在一起，便于档案的保管和利用，做到组卷规范、合理，符合国家或行业标准要求。

2）组卷要求：案卷内文件材料必须准确反映工程建设与管理活动的真实内容；案卷内文件材料应是原件，要齐全、完整，并有完备的签字（章）手续；案卷内文件材料的载体和书写材料应符合耐久性要求。不应用热敏纸及铅笔、圆珠笔、红墨水、纯蓝墨水、复写纸等书写（包括拟写、修改、补充、注释和签名）；归档目录与归档文件关系清晰，各级类目设置清楚，能反映工程特征和工程实况。

3）组卷方法：根据水利工程文件材料归档范围，划分文件材料的类别，按文件种类组卷，并应注意单位工程的成套性，分部工程的独立性，应在分部工程的基础上，做好单位工程的立卷归档工作。同一类型的文件材料以分部或单位工程组卷，如工程质量评定资料以分部工程组卷，竣工图以单位工程或不同专业组卷，管理性文件材料以标段或项目组卷。

（2）案卷和案卷内科技文件材料的排列。

卷内文件要排列有序，工程文件材料及各类专门档案材料的卷内排列次序，可先按不同阶段分别组成案卷，再按时间顺序排列案卷。

1）基建类案卷按项目依据性材料、基础性材料、工程设计（含初步设计、技术设计、施工图设计）、工程施工、工程监理、工程竣工验收、调度运行等陈列。

2）科研类案卷按课题准备立项阶段、研究实验阶段、总结鉴定阶段、成果申报奖励和推广应用等阶段排列。

3）设备类案卷按设备依据性材料、外购设备开箱验收（自制设备的设计、制造、验收）、设备生产、设备安装调试、随机文件材料、设备运行、设备维护等排列。

4）案卷内管理性文件材料按问题、时间或重要程度排列。并以件为单位装订、编号及编目，一般正文与附件为一件，并正文在前，附件在后；正本与定稿为一件，并正本在前，定稿在后，依据性材料（如请示、领导批示及相关的文件材料）放在定稿之后；批复与请示为一件，批复在前，请示在后；转发文与被转发文为一件，转发文在前，被转发文在后；来文与复文为一件，复文在前，来文在后；原件与复制件为一件，原件在前，复制件在后；会议文件按分类以时间顺序排序；文字材料在前，图样在后；竣工图按专业、图号排列。

（3）案卷的编制。

1）案卷封面及脊背的编制。

案卷封面与脊背的案卷题名、档号、保管期限应一致。案卷题名应简明、准确地揭示卷内科技文件材料的内容。

立卷（编制）单位：填写负责文件材料组卷的部门；起止日期：填写案卷内科技文件材料形成的起止日期；档号：填写档案的分类号、项目号和案卷顺序号；档案馆号：填写国家档案行政管理部门赋予的档案馆代码；案卷封面及脊背的尺寸及字体要求见附件，由项目法人统一制作。

2）卷内科技文件材料页号的编写。

①案卷内文件材料均以有书写内容的页面编写页号，逐页用打码机编号，不得遗漏或重号。

②单面书写的文件材料在其右下角编写页号；双面书写的文件材料，正面在其右下角，背面在其左下角编写页号。

③印刷成册的文件材料，自成一卷的，原目录可代替卷内目录，不必重新编写页号；与其他文件材料组成一卷的，应排在卷内文件材料最后，将其作为一份文件填写卷内目录，不必重新编写页号，但需要在卷内备考表中说明并注明总页数。

④卷内目录、卷内备考表不编写页号。

第五节　水利工程档案验收与移交

水利工程档案验收，是工程竣工验收的重要组成部分。各类归档案卷（竣工验收会议除外）及工程录像资料应作为工程验收的有机部分置于竣工验收会议现场接受审查。各单位（阶段）工程项目由组织工程验收单位的档案人员参加，并写出包括评定等级在内的档案验收意见。档案资料验收根据不同阶段，按以下程序进行：

1. 单位工程完（竣）工验收

（1）施工及设备制造单位提出书面工程预付款申请或验收（交付设备）前15天，应按归档要求完成档案资料的整理工作，进行全面自查，项目监理人员对施工单位全部档案资料的内容及整理质量进行全面检查、把关签署审查意见后，按统一格式写出自检报告（含电子版），连同拟归档的档案文件正本（原件）一并上报审核项目法人。

（2）监理单位对其形成的监理档案按归档要求进行整理，按统一格式写出自检报告（含电子版），连同拟归档的档案文件正本一并上报项目法人。

（3）负责汇总的监理单位负责收集、汇总各监理单位的工程档案，与工程项目监理档案重复的只提交卷内目录。编制案卷目录（含电子版）。按合同规定移交项目法人。

（4）项目法人档案管理部门会同建管部门的工程技术人员对档案资料的整理质量及内容进行审核，报项目质量监督站审定通过后，归档单位按要求完成副本制作、扫描刻录光盘后，由项目法人档案管理部门出具档案合格书面证明，方可进行工程验收。

（5）建设、设计、施工、监理、质量监督与检测、质检等单位在提交工作报告的同时，均应制作成多媒体，并刻录成光盘，现场汇报后归档。

（6）工程验收时，在验收小组的领导下，由项目法人、质量监督、监理、施工等单位的档案管理人员组成档案验收组，对档案进行审查与验收，评定档案质量等级，提出验收专题报告，其主要内容要写入工程验收鉴定书中。

2. 全部工程竣工验收（包括初步验收）

工程竣工验收前三个月，在完成各类文件材料、全套竣工图的组卷、分类、编号及填写案卷目录后，由项目法人组织施工、设计、监理等单位的项目负责人、工程技术人员和档案管理人员，对工程档案的完整性、系统性、准确性、规范性，进行全面检查，并进行档案质量等级自评，写出自检报告。经上级主管部门审核同意后，向验收主管部门报送《××工程档案验收申请表》。档案资料验收提前于工程竣工验收，并于工程竣工验收前完成档案资料的整理。验收专题报告作为工程竣工验收鉴定书的附件，其主要内容要反映到鉴定书中。档案资料自检报告及验收报告应包括以下内容：

（1）档案资料工作概况：工程概况及档案管理情况；档案资料工作管理体制（包括机构、人员等）和档案保管条件（包括库房、设备等）；档案资料的形成、积累、整理（立卷）与归档工作情况，其中包括项目单位、单项工程数和产生档案资料各种载体总数（卷、册、张、盘）。

（2）竣工图的编制情况与质量。

（3）档案资料的移交情况，并注明已移交的卷（册）数、图纸张数等有关数字。

（4）对档案资料完整、准确、系统性、安全性以及整体案卷的质量进行评价，档案资料在施工、试运行中的作用情况。

（5）档案资料管理工作中存在的问题、解决措施及对整个工程建设项目验收产生的影响。

3. 档案资料的移交

必须填写档案移交表，必须编制档案交接案卷及卷内目录，交接双方应认真核对目录与实物，并由经办人、负责人签字、加盖单位公章确认。以下情况，在规定的时间内办理交接手续。

（1）勘测设计单位及业务代理机构应归档的档案资料，在提交设计成果和代理工作结束一周内移交项目法人。

（2）单位工程施工、监理、质量监督与检测档案资料，在完（竣）工验收会议结束一周内移交项目法人。

（3）设备生产单位档案资料，在设备交货验收的一周内移交项目法人。

（4）文书档案办理完毕后立卷归档于次年6月底前移交。

（5）照片、录像、录音资料：在每次会议或活动结束后由摄影、摄像者整理，10日内交相应的档案管理部门归档。

4. 归档套（份）数

勘测设计、施工、监理、委托代理、质量监督与检测等归档单位所提交的各种载体的档案应不少于三套。其中正本（原件）报项目法人一套，涉及的各级建管单位各一套，只有一份原件时，原件由产权单位保存，多家产权的由投资多的一方保管原件，其他单位保管复印件。

第六节　档案信息化建设

一、档案信息化建设的重要意义

档案信息化建设，对于档案事业的发展具有十分重要的现实意义和深远的历史意义。首先，我们现处于以信息技术为主要特征的知识经济时代，作为社会信息资源重要组成部分的档案事业必须大力加强档案信息化建设，加快推动档案管理现代化进程，为档案信息资源的合理配置、科学管理和为社会提供优质的服务。其次，还要加强档案信息化建设，是档案事业应对全球科学技术迅猛发展形势的必然选择，信息技术及信息产业的高速发展，给档案工作带来了挑战和压力，同时也给我们带来新的机遇。只要我们抓住这一机遇，努力学习和运用当代先进的科学知识与科技手段，加快档案工作融入信息社会的步伐，就能够推动档案信息化建设，使档案事业实现跨越式发展，为社会提供全面、便捷的优质服务。

二、档案信息化建设的含义、内容和基本原则

1.档案信息化建设的含义

所谓档案信息化建设是指在国家档案行政管理部门的统一规划和组织下，在档案管理的活动中全面应用现代信息技术，对档案信息资源进行数字化处置、管理和提供利用。换句话说，档案信息化使档案管理模式发生了转变，从以档案实体保管和利用为重点，转向档案实体的数字化存储和提供服务为中心，使档案工作进一步走向规范化、数字化、网络化、社会化，充分实现档案信息资源共享。

应该如何理解这一含义呢？

第一，档案信息化工作由国家行政管理部门统一规划和组织。

第二，全面应用现代化技术。信息技术是指完成信息的获取、加工、传递和利用等技术的总和。而现代信息技术是以计算机与通信技术为核心，对各种信息进行收集、存储、处理、检索、传递、分析与显示的高技术群。当前，档案信息的发展以多媒体和数字化为主要特征。可以说，数字化、网络化是实现档案信息化的必由之路。

第三，档案信息化建设的最终目的，就是要切实加强档案信息资源的合理配置和科学管理，以满足社会各方面（也包括工程建设方面）日益增长的档案信息利用的迫切需要。

总之，通过对档案信息化建设含义的理解，我们就可以把握住档案信息化建设的内涵：一是要实现档案信息的数字化；二是要实现档案信息接收、传递、存储和提供利用的一体化；三是要实现档案信息高度共享；四是必将引发档案管理模式的变革。

2. 档案信息化建设内容

档案信息化建设的内容主要包括：基础设施建设、档案信息资源建设、应用系统建设、标准规范建设和人才队伍建设等五个方面的内容。

（1）基础设施建设。基础设施是指档案信息网络系统和档案数字化设备，主要包括计算机硬件基础环境和各类辅助设施，如信息高速公路和宽带网、各种通信子网、内部局域网以及与之配套的软硬件设施，它们是档案信息传输、交换和资源共享的基础条件。

（2）标准规范建设。是对电子文件的形成、归档和电子信息资源标识、描述、存储、查询、交换、网上传输和管理等方面，制定标准、规范，并指导实施的过程。

档案信息化的标准、规范相当于信息高速公路上的"交通规则"，对于确保计算机管理的档案信息和网络运行的安全、畅通，具有十分重要的意义。

（3）应用系统建设。应用系统建设主要内容有档案信息的收集、档案信息的管理、档案信息的利用、档案信息的安全等方面，它关系到档案信息化建设的速度与质量，集中体现了档案信息化建设的效益和档案信息服务的效果。

（4）档案信息资源建设。档案信息化建设的核心是档案信息资源建设，它是衡量档案信息化开发和利用水平的一个重要标志。档案信息资源建设主要内容是对所藏档案的数字化和电子文件的采集和接受，其主要形式包括所藏档案目录中心数据库建设、各种数字化档案全文及专数据库建设。

（5）人才队伍建设。这是档案信息化的实施者，也是信息化的成功之本，对其他各个要素的发展速度和质量有着决定性的作用。档案信息化建设不仅需要档案专业人才，计算机专业人才，更需要既懂档案业务，又熟悉信息技术的复合型人才。因此，要不断加大培训力度，有针对性地进行各种形式的业务培训，努力提高档案干部队伍的信息技能。

以上所阐述的档案信息化建设可以用一句话来概括，就是以档案信息的数字化为基础，以档案信息网络化传输为纽带，以实现档案信息资源的共享为目的。用公式表示为：数字化＋网络化＋信息共享＝信息化。

3. 档案信息化建设应遵循的基本原则

档案信息化建设，应遵循其自身所具有的规律和特点。在进行档案信息化建设的过程中，要着重把握三条基本原则。即文档一体化原则、归档双轨制原则和确保网络安全的原则。

（1）文档一体化原则。

多年的实践证明，机关和企事业单位的档案信息化建设必须以文档一体化为前提，必须把档案信息化建设纳入本单位办公自动化的总格局之中，与办公自动化融为一体，同步进行，同步发展。

文档一体化原则就是从文书和档案工作的全局出发，从公文生产制发到归档管理的全过程，使用"文档一体化"计算机管理系统，一次输入，多次利用，从公文产生到运转的每一个环节上，特别是在公文向档案转化的关键环节，都体现出对档案工作的具体要求，使文档实体生产一体化。管理一体化，利用一体化，规范一体化，实现文书工作和档案工作信息共享，规范衔接。文档一体化的作用是显而易见的：一是可以减少人力物力的浪费；二是提高了对档案的利用率；三是便于文件和档案的检索。

水利工程建设单位怎样实现工程文档一体化管理？其途径为：

第一，要转变传统的文档分离、各自发展的观念和做法，在工程建设初期，设一个综合职能部门，负责文书处理和档案管理工作。

第二，加快办公自动化进程。办公自动化是文档一体化管理得以实现的物质基础和手段。因此，只有加强、加大办公自动化宏观管理和硬件建设的力度，才能有效推进文档一体化管理进程。

第三，建立计算机网络系统，利用文档一体化管理软件，把文件管理和档案管理连接起来，组成一个综合的文件管理系统，实现在计算机的各接点上，文件数据的自由存储和档案资源共享的文档一体化管理目标的最优化。

第四，制定标准，规范管理。文档一体化管理不只局限于传统的文书档案管理领域，而是覆盖各职能部门的不同门类、不同载体的文件档案，通过综合管理使各部门文件、档案得到充分发挥和利用的整体效果。因此，强化文件管理的标准化、规范化，严格规范地揭示文件内部特征、外部特征信息的各项数据是一体化管理的基本前提和条件。运用计算机实行一体化管理，还必须要求每一个单位的文件、档案类目划分和设置都要准确、标准和规范。只有做到统一业务标准、统一工作程序，才能使文档一体化管理成为一个协调有序、标准规范的系统工程。

第五，网络管理，在线归档。利用文档一体化管理系统软件，实现在线实时归档，应以网络为起点，将各种文件与档案工作统筹规划、相互协调，两者在网络系统内衔接，从而实现文件的一次性输入，多次输出利用，全网络信息共享。

第六，对档案工作者加强现代信息技术培训，造就一支具备现代档案管理意识和现代档案管理技能的档案工作队伍。

（2）归档双轨制原则。

即纸质文件与电子文件归档并存的原则。在今后相当长的一个时期内，具有重要保存价值的电子文件，一定要有相应的纸质文件归档保存。同时，纸质文件也要按照其记录信息的保存价值进行物理归档，转化为电子档案，并按有关规定安全保管。

电子档案管理是当前档案工作中的一个热点问题。鉴于电子文件载体和信息技术的不稳定性，以及电子文件的易修改性，有必要将重要的电子文件制成硬盘拷贝存档，以确保数据的安全。因此当前各机关、企事业单位凡是具有保存价值的电子文件，必须有相应的内容一致的纸质文件一并归档。水利工程建设单位应严格执行国家的双轨制归档原则。针对水利工程建设周期长、施工单位多、工作面广、内容繁杂、形成材料多等特点，水利工程建设单位应注意把握好两种介质文件同时归档的两个关键环节：一要注意同时归档。工程建设单位要改变和克服过去注重纸质档案归档的习惯做法，应按照现在的要求，首先将工程各个阶段和各个环节工作中形成的所有电子文件，及时、全面、准确、系统地收集起来，与相应的纸质档案同时归档。其次要加强软硬件基础设施建设，为纸质文件及时实施数字化提供必要的条件。二要注意两种介质文件内容完全一致。两种介质文件归档时，无论是电子文件的"原始文本"，还是纸质文件数字化的文本其内容应与纸质文件完全一致，互为印证，准确无误地揭示和记录工程建设的全过程，充分体现和发挥档案信息的价值功能。

（3）确保网络安全的原则。

办公自动化系统，包括机关单位和重点建设项目工程档案信息化系统，有时会涉及国家或项目机密，必须与互联网等公共信息网实行物理隔离。机关或建设项目涉密的档案信息不得存储在与公共信息网相连的信息设备上。要采取彻底的防范措施，确保办公局域网和有关档案信息的安全。

在进行档案信息化建设的同时，还要高度重视信息化进程中出现的信息安全问题。档案不同于其他信息资源，开放利用必须经过严格的审查。各单位要加强领导和管理，通过严格的规章制度、有效的措施，配以相应的技术手段，确保信息安全。

三、纸质档案数字化的含义、基本流程及技术要求

纸质档案数字化，即采用扫描仪或数码相机等数码设备对纸质档案进行数字化加工，将其转化为存储在磁带、磁盘、光盘等载体上并能被计算机识别的数字图像或数字文本的处理过程。

纸质档案数字化是一项技术性很强的系统工程，对人员的素质有很高的要求，既要熟悉档案业务，又要懂得计算机操作。

纸质档案数字化的基本环节主要包括档案整理、档案扫描、图像处理、图像存储、目录建库、数据挂接、数据验收、数据备份等。具体流程如下：

1. 档案整理

在扫描之前，根据档案管理情况，按下述步骤对档案进行适当整理，并视需要做出标识，确保档案数字化质量。

（1）目录数据准备。

按照要求，规范档案中的目录内容。包括确定档案目录的著录项、字段长度和内容要求。如有错误或不规范的案卷题名、文件名、责任者、起止页号和页数等情况，应进行修改。

（2）拆除装订。

在不去除装订物情况下，影响扫描工作进行的档案，应拆除装订物。将档案原件的装订线拆除，排好顺序，不得出现任何漏缺页及顺序差错，更不能对档案原件有任何损坏。

（3）区分扫描件和非扫描件。

要求把同一案卷中的扫描件和非扫描件区分开。普发性文件区分的原则是：无关的重份的文件要剔除，有正式件的文件可以不扫描原稿。

（4）页面修整。

对于破损严重、无法直接进行扫描的档案，应先进行技术修复、裱糊；折皱不平影响扫描质量的原件应先进行相应处理（压平或烫平等）后再进行扫描。

（5）档案整理登记。

制作并填写纸质档案数字化加工过程登记表，详细记录档案整理后每份文件的起始页号和页数。

2.档案扫描

（1）扫描方式（扫描前必须准备一台专业的高速扫描仪，并带平板）。

根据档案幅面的大小（A4、A3、A0等）选择相应规格的扫描仪或专业扫描仪，如工程图纸可采用0号图纸扫描仪进行扫描；普通A4纸质文件，采用高速扫描仪的自动进纸方式扫描；纸质过薄、透明的（如信纸、便笺纸）采用高速扫描仪的平板扫描；纸质过厚、照片等档案采用高速扫描仪的平板扫描；对文件页面贴有附属小页面、纸张时，将大小页面单独在平板中扫描。

（2）扫描模式（纸质档案扫描一般采用黑白、灰度和彩色三种模式）。

页面为黑白两色，字迹清晰的、不带图片的档案材料，采用黑白方式；页面为黑白两色，清晰度较差或者带有图片的档案材料，以及页面多为彩色文字的档案，采用彩色或灰度模式（因情况而定）；页面中有红头、印章或插有黑白照片、彩色照片、彩色插图的档案，采用彩色模式扫描。

（3）分辨率选择。

采用黑白、256级灰度模式扫描的文件，其分辨率选择应不小于200DPI；采用24位彩色模式扫描的文件，其分辨率选择应不小于100DPI。扫描的线数、阈值、亮度、灰度、对比度等值可根据所扫描文件材料的清晰度进行适当的调整；需要时可根据原件的清晰度适当调整扫描分辨率。如原件质量较差尺寸较小，可适当提高分辨率；反之也可相应减少分辨率，增减的多少以扫描后图像按原尺寸显示后是否清晰为准。粘贴折页与表格，对于粘贴折页，可用大幅面扫描仪扫描，或先部分扫描后拼接；对部分字体很小、字迹密集的情况，可适当提高扫描分辨率，选择灰度扫描或彩色扫描，采用局部深化技术解决；对字迹与表格颜色深度不同的，采用局部淡化技术解决。

（4）扫描登记。

填写交接登记表，登记扫描的页数。核对每份文件的实际扫描页数与档案整理时填写的文件页数是否一致，不一致时应注明具体原因和处理方法。

3. 图像处理

对图像进行处理，以获得最好的图像质量，保证图像完整、端正、无扭曲、版面无暗影、无干扰信息，主要完成的图像处理包括去黑边、去污点、纠偏等，处理完的图像保存格式为 PDF。

纠偏：对扫描过程中出现的偏斜图像进行整体纠正，包括自校和手校，保证数字图像的偏斜角度小于 1 度（图像偏斜不超过页面内半个文字）；

旋转：按文字方向将图片旋转至正确方向，没有文字的图片，判断其方向后使用左旋、右旋、翻转、旋转等工具；

去污：去除图像页面中出现的影响图像质量的杂质，去除黑边、多余边、污点；

裁边：采用彩色模式扫描的图像应进行裁边处理，去除多余的白边，用以有效缩小图像文件的容量，节省存储空间。

删除空白页：将扫描后页面之间的空白页进行删除；

断字修补：对部分文字不清楚可进行修补；

反白字修正：将部分反白文字可进行描述；

分割：将 A3 幅面的文件分割为两份 A4 幅面的文件；

拼接：大幅面档案进行分区扫描形成的多幅图像，应进行拼接处理，合并为一个完整的图像，保证档案数字化图像的整体性。

4. 图像处理质检

主要对完成图像深处理的检查，不合要求的返回上一环节重新处理，如以下问题：由于操作不当，造成扫描的图像文件不完整或无法清晰识别时，应重新扫描；对图像偏斜度、清晰度、失真度等进行检查，发现不符合图像质量要求时，应重新进行图像的处理；图像处理得是否得当，严重的应重扫，处理不当的应重新处理；扫描图像页码顺序是否与原文件一致，有无漏扫、多扫（重复）、纸张倒置等情况；顺序：如果页码不连续，与原文不一致，需对页面进行排序；漏扫：将漏扫的页面重新扫描，并插入到正确的位置；多扫：将多扫页面删除；倒置：不符合要求的需进行调整，保持与原文一致。

5. 图像存储

纸质档案目录数据库中的每一份文件，都有一个与之相对应的唯一档号，以该档号为这份文件扫描后的图像文件的命名。多页文件要合并为一个 PDF，保存到指定的路径，便于准确挂接入库，与档案管理软件中的目录建立一一对应的关系。再将所有文档批量转换为可以复制、检索利用的双层 PDF 格式，然后进行光盘刻录，确保刻录好的光盘能正确地读出，做好标识标签。

6. 目录建库

按照要求进行著录，建立档案目录数据库。目录建库应选择通用的数据格式，所选定的数据格式应能直接或间接通过 XML 文档进行数据交换。

注：采用人工校对或软件自动校对的方式，对目录数据库的建库质量进行检查。核对著录项目是否完整、著录内容是否规范、准确，发现不合格的数据要求进行修改或重录。

7. 数据挂接

（1）挂接前的数据关联检查。

以纸质档案目录数据库为依据，将每一份纸质档案文件扫描所得的一个或多个图像存储为一份图像文件。将图像文件存储到相应文件夹时，要认真核查每一份图像文件的名称与档案目录数据库中该份文件的档号是否相同，图像文件的页数与档案目录数据库中该份文件的页数是否一致，图像文件的总数与目录数据库中文件的总数是否相同，等等。通过每一份图像文件的文件名与档案目录数据库中该份文件的档号的一致性和唯一性，建立起一一对应的关联关系，为实现档案目录数据库与图像文件的批量挂接提供条件。

（2）汇总挂接。

档案数字化转换过程中形成的目录数据库与图像数据库，通过质检环节确认为"合格"后，通过网络及时加载到数据服务器端汇总。通过编制程序或借助相应软件，可实现目录数据对相关联的数字图像的自动搜索、加入对应的电子地址信息等，实现批量、快速挂接。

8. 数据验收

（1）一个全宗的档案，数字化转换质量抽检的合格率达到 95% 以上或 95% 时，给予验收"通过"。目录数据库与图像文件挂接错误，或目录数据库、图像文件出现不完整、不清晰、有错误等质量问题时，抽检标记为"不合格"。

（2）验收"通过"的结论，必须经分管领导审核、签字后方有效。

（3）填写纸质档案数字化交接登记表。

9. 数据备份

经验收合格的完整数据应及时进行备份。著录条目和全文数据进行一式两份 DVD 光盘刻录。移交前检测光盘读取性能，抽查刻录好的光盘影像质量，主要包括备份数据能否打开、数据信息是否完整、文件数量是否准确等。不合格的需重新刻录。数据备份后应在备份介质上标注好盘内文件内容、类别、存入日期及光盘编号等，以便查找和管理。对保密的文件需标明密级。

10. 装订

（1）扫描工作完成后，拆除过装订物的档案应按档案保管的要求重新装订。恢复装订时，应注意保持档案的排列顺序不变，做到安全、准确、无遗漏。

（2）装订不能损害档案原件。装订时应按原有顺序装订，案卷不掉页、左边和底边整齐，保持拆卷前的原貌，并认真做好档案页码、页数的检查校对。

11. 扫描注意事项

扫描前必须对文档进行拆除装订物，并检查文档内是否藏有干扰物（如钉书钉、碎纸等），以免造成卡纸、损坏扫描仪，务必保持文档干净送入扫描仪中；对破损严重、无法进行扫描的原件要先进行修复、裱糊；褶皱不平影响扫描质量的原件应先压平再进行扫描；对纸质过薄、透明的（如信纸、便笺纸）、纸质过厚、照片等采用高速扫描仪的平板扫描；对文件页面贴有附属小页面、纸张时，将大小页面单独在平板中扫描；扫描完每一份文件，要对照原文仔细检查扫描是否清晰、完整；按要求使用扫描仪、清洗，并对每次使用完的扫描仪进行保洁，检查是否关闭电源；当对纸质档案数字化成果提供网上检索利用时，应有制作单位的电子标识，根据具体情况分别采用可下载或不可下载的数据格式。

四、电子文件的整理和归档

随着办公自动化水平和现代化程度的不断提高，在工程项目建设管理过程中形成了大量的电子文件。但如果疏于管理，方法不当，很容易造成电子文件的流失。对电子文件进行及时收集和归档并使之得到长期保存，是档案信息化建设的一项重要内容。电子文件的归档，就是通过计算机将整理好的电子文件和它生存的环境条件一并转存到磁性记录材料或光盘等载体上保存。电子文件归档后形成电子档案。对归档电子文件的要求，主要是真实、完整、有效，实现档案的功能价值。

1.电子文件的特点

电子文件特殊的生成环境和特定的功能，使得电子文件显现以下特点：

（1）电子文件具备文件的基本特征。同其他载体文件一样，电子文件也要求由法定作者制发，具有法定的权威性和现行效用，具有规范的体式和特定的处理程序。

（2）电子文件不同于传统的纸质文件，具有自身的技术特点。从信息的编码形式看，在计算机系统中，电子文件的信息内容皆以二进制代码的形式存在，是一种纯粹的数字化信息，因而具有非人工适读性、对计算机系统的依赖性和信息的易更改性等特点；从其载体特性来看，电子文件又具有载体与信息的可分离性、信息存储的高密度性和载体的不稳定性等特点。此外，电子文件还具有传统的纸质文件所不具备的信息的多媒体集成性、交互性等特点。

2.电子文件的整理与归档

电子文件的整理，是指按照一定原则和方法，将电子文件分门别类组成电子档案的一项工作。电子文件的整理工作包括两个层次：一是进行分类、排序；二是建立数据库。

（1）分类、排序。

分类、排序是将存储载体传递的零散的、杂乱的电子文件通过分类、标引、组合，使电子文件存储格式处于一致有序的状态。按档案管理要求对其进行分类、排序、著录标引，这项工作应由归档人员来完成。一般情况下归档人员只是对某一份或几份电子文件进行整理。归档后，档案保管部门还要进行检查和系统的整理。如对电子文件的调整，目录和表格的编写、填写，电子文件的格式转换等一系列的加工整理工作。

（2）建立数据库。

建立数据库前应对电子文件进行分类编号，使其达到总体上的有序状态。对于不同应用系统应选取不同的文件组织方式或组合方法，目的是方便使用。组建数据库的主要内容有：首先是对电子文件进行分类编号。分类编号就是按照本单位分类方案的规定对电子文件进行划分，并给每份电子文件一个固定的号码，使全部电子文件成为一个有机的排列有序的整体。其次是对电子文件的登记，电子文件分类编号后，要建立检索文件，检索文件是一个对电子文件进行快速访问的有效工具。

（3）电子文件的归档。

电子文件归档，是将应归档的电子文件，经过整理确定档案属性后，从电子计算机存储器或其网络存储器上，拷贝或刻录到可脱机的存储载体上，以便长期保存的工作过程。不同环境条件下产生的电子文件，其归档的方法是不同的，如果是电子计算机网络系统，按要求转数据库或记有归档的标识即可完成归档任务。但以存储载体传递的电子文件归档，就必须做一些辅助和认证工作，必须要与相关的纸质文件结合归档。

1）归档范围和要求。

电子文件的归档范围参照国家和水利部关于纸质文件材料归档的有关规定执行，并应包括相应的背景信息和元数据。所谓背景信息和元数据分别是指：背景信息，指描述生成电子文件的职能活动、电子文件的作用、办理过程、结果、上下文关系以及影像产生的历史环境等信息。元数据，指描述电子文件数据属性的数据，包括文件的格式、编排结构、硬件和软件环境、文件处理软件、字处理和图形工具软件、字符集等数据。

电子文件归档还应注意收集以下有关文件：

第一是支持性文件，指能够生成运行文本、数据、图形等文件和各种命令及设备运行所需的操作系统的文件。

第二是数据文件，指各种数据材料。由于数据在不断变化、更新，所以应对元数据隔一段时间定期拷贝，并将拷贝文件归档。

第三是与电子文件有关的各种纸质文件，主要有产生电子文件所使用的设备安装与使用说明、操作手册等，以及电子文件形成过程中产生的一些纸质文件，如设计任务书等。

逻辑归档可实时进行，物理归档应按照纸质文件的规定定期完成。文件形成部门或信息管理部门应定期把经过鉴定符合归档条件的电子文件向档案部门移交，并按档案管理要求的格式将其存储到符合保管期限要求的脱机载体上。

2）归档方法。

电子文件归档一般采用以下办法：

①将应归档的电子文件最终版本录入到存储载体上。这个过程一般是归档人员经过整理、确定保管期限等档案属性后，录入到存储载体上，脱机后可存放在别处。

②压缩归档。采用数据压缩工具，对电子计算机网络上应归档的电子文件，经过一段

时间积累后进行压缩操作。这种方法对将来的电子档案管理有利。但是，采用的压缩工具及过程要有统一的要求，否则一人一方法，就难以从压缩归档的电子档案中检索出所需要的内容。

③备份归档。一般是在电子计算机网络环境下采用。将归档的电子文件在网上进行一次备份操作，就可将归档的电子文件录入到存储载体上。为保证电子文件的真实性，在归档电子文件时，须将记录日志录入到存储载体上。

第七章 水库的综合利用调度

一般来说，水库可能担负的任务有防洪、灌溉、发电、给水、航运、养殖、旅游等。凡是为多目标服务的水库，均属综合利用水库。

综合利用水库各用水部门，如防洪、灌溉、发电、给水、航运、养殖、旅游等，都有各自的用水要求。它们在用水数量、时间和质量方面有相互适应的一面，也有相互矛盾的一面。如何处理好它们之间的矛盾，协调好它们之间的关系，在最大限度满足各自用水要求的前提下，水库综合利用效益达到最大，是本章所研究的问题。本章将着重阐述防洪与兴利结合，发电与灌溉结合，水库的生态与环境，多沙河流及其他要求下的水库调度五个方面的问题。

第一节 防洪与兴利结合的水库调度

担负有下游防洪任务和兴利（发电、灌溉等）任务的水库，调度的原则是在确保大坝安全的前提下，用防洪库容来优先满足下游防洪需求，并充分发挥兴利效益。在这一原则指导下，拟订防洪与兴利结合的运行方案。

一、防洪库容与兴利库容的结合形式

兼有防洪和兴利任务的水库，其防洪库容和兴利库容结合的形式主要有以下三种：

1. 防洪库容与兴利库容完全分开

这种形式即防洪限制水位和正常蓄水位重合，防洪库容位于兴利库容之上。

2. 防洪库容与兴利库容部分重叠

这种形式即防洪限制水位在正常蓄水位和死水位之间，防洪高水位在正常蓄水位之上。

3. 防洪库容与兴利库容完全结合

这种形式中最常见的是防洪库容和兴利库容全部重叠的情况，即防洪高水位与正常蓄水位相同，防洪限制水位与死水位相同。

此外，防洪库容是兴利库容的一部分和兴利库容是防洪库容的一部分两种情况。前者是防洪高水位与正常蓄水位重合，防洪限制水位在死水位与正常蓄水位之间。后者是防洪

限制水位与死水位重合，防洪高水位在正常蓄水位之上。

三种形式中的第一种，由于全年都预留有满足防洪要求的防洪库容，防洪调度并不干扰兴利的蓄水时间和蓄水方式，因而水库调度简便、安全。其缺点是由于汛期水位往往低于正常蓄水位，实际运行水位与正常蓄水位之间的库容可用于防洪，因此专设防洪库容并未得到充分利用。所以，这种形式只在降雨成因和洪水季节无明显规律，流域面积较小的山区河流水库，或者是因条件限制，泄洪设备无闸门控制的中、小型水库才采用。至于后两种形式，都是在汛期才留有足够的防洪库容，而且都有防洪与兴利共用的库容，正好弥补了第一种形式的不足。但也正是有共用库容，所以需要研究同时满足防洪与兴利要求的调度问题。前已述及，我国大部分的河流是雨源型河流，洪水在年内分配上都有明显的季节性，如长江中游主汛期为6~9月，黄河中下游主汛期为7~9月。因此，水库只需在主汛期预留足够的防洪库容，以调节可能发生的洪水，而汛后可利用余水充蓄部分或全部防洪库容，提高兴利效益。所以，对于降雨成因和洪水季节有明显规律的水库，应尽量选择防洪库容和兴利库容相结合的形式。

二、防洪和兴利结合的水库调度

（一）防洪和兴利结合的水库调度措施

兼有防洪和兴利任务的综合利用水库，在水库调度中，协调防洪与兴利矛盾的原则应是在确保水库大坝安全的前提下，尽量使兴利效益最大化。为此，需要在研究掌握径流变化规律的基础上，采取分期防洪调度方式或利用专用防洪库容兴利和利用部分兴利库容防洪等措施。在一次洪水的调度中，则可以利用短期径流预报和短期气象预报，采用预蓄、预泄措施。因防洪需要提前预泄时，应尽量和兴利部门的兴利用水结合起来，增加兴利效益。对于临近汛期末的预泄，在确保大坝安全的前提下，可适当减缓库水位的消落速度，延长消落至防洪限制水位的时间，以提高汛后蓄满兴利库容的概率。

对于分期洪水大小有明显区别，洪水分期时间稳定的水库：

（1）在不降低工程安全标准和满足下游防洪要求的前提下，可设置分期防洪限制水位。根据分期洪水设置汛期分期防洪限制水位时，分期洪水时段的划分应根据洪水成因和雨情、水情的季节变化规律确定，时段不宜过短，两期限制水位的衔接处宜设过渡段。

（2）库区有重要防护对象的水库，可设置库区防洪控制水位。设置库区防洪控制水位时，应分析其对水库防洪任务的影响，并兼顾防洪和兴利需要拟定水库调度方式。

（二）防洪和兴利结合的水库调度图绘制与调度方式

防洪和兴利相结合的水库，其正常运行方式也需要通过水库调度图控制实现，即也需要利用水库调度图来合理解决防洪和兴利在库容利用上的矛盾，并以调度图作为依据，来编制水库兴利年度计划和拟定防洪调度方式。因此，研究防洪和兴利相结合的水库调度，也需要从正确地拟定其调度图开始。

单一的防洪调度图和兴利调度图的绘制方法，已在前文中做了介绍。对于防洪和兴利相结合的水库，需要重点研究的是防洪调度线与兴利调度线组合在一起时，如何来调整两者之间不协调的问题。

对于防洪库容和兴利库容完全分开的综合利用水库，防洪调度线与兴利调度线并不相互干扰，可按前述单一任务的方法分别绘制。

对于防洪和兴利有重叠库容的综合利用水库，在分别绘制防洪调度线和兴利调度线后，若两种调度线不相交或仅相交于一点，则它们就是既满足防洪要求又满足兴利要求的综合调度图。在这种情况下，汛期因防洪要求而限制的兴利蓄水位，并不影响兴利的保证运行方式，而仅影响发电水库的季节性电能。若防洪调度线和兴利的防破坏线（即上基本调度线）在各自包围的运行区相交，则表示汛期若按兴利要求蓄水，蓄水位将超过防洪限制水位，就不能满足下游的防洪要求；若汛期控制蓄水位不超过防洪限制水位，汛后将不能保证设计保证率以内年份的正常供水，影响到兴利作用的发挥，对于这种兴利和防洪不相协调的情况，可做如下处理：

若水库以兴利为主，则其兴利运行方式应予保证，即不变动原设计的防破坏线位置。可根据防洪限制蓄水的截止时间，求得防破坏线相应时间的水位为满足水库充蓄的防洪限制水位。如仍要满足防洪要求，则防洪高水位必须抬高，使修改后的防洪库容等于原设计的防洪库容，显然，前者将降低防洪效益，后者要看水库条件是否允许。

若水库以防洪为主，在满足防洪要求情况下，各兴利任务调度方式如下：

（1）保证运行方式。来水频率在各开发任务设计保证率范围内的时段，应使各开发任务达到正常供水量；来水频率在各开发任务设计保证率中间的时段，设计保证率高于等于水库来水频率的开发任务正常供水，其他开发任务减少供水；水库来水频率高于各开发任务设计保证率时，按降低供水方式调度设计。

（2）加大供水方式。在丰水年或丰水段，根据水库能力按开发任务次序向各兴利任务加大供水。

（3）降低供水方式。特枯年份或时段，可按各兴利任务的次序和保证率的高低分别减少供水。在这种供水方式下，应保持防洪调度线不变，修正兴利调度线，即将防破坏线下移，正常蓄水位降低。

第二节　发电与灌溉结合的水库调度

各地已建的水库中，兼有发电和灌溉双重兴利任务的综合利用水库为数不少。这类综合利用水库中，有的以发电为主兼顾灌溉，有的以灌溉为主兼顾发电。灌溉引水既有库内引水方式，也有坝下引水方式。至于发电和灌溉的设计保证率也往往不一样，一般都是发电设计保证率要高一些。针对这些情况，如何处理好发电与灌溉的关系，拟定正确的调度方式，就是本节所要介绍的内容。

一、发电与灌溉结合的水库的供水原则

兼有发电和灌溉双重兴利任务的水库，由于发电和灌溉的设计保证率不同，其保证供水方式不同于单一兴利任务的水库。一般来讲，对于灌溉设计保证率以内年份，应保证灌溉正常供水，在此前提下力争多发电，增加发电效益；对于两者设计保证率之间的年份，灌溉需降低供水，而发电仍按保证电能供水；对于发电设计保证率以外的特枯年份，发电和灌溉均应降低供水。这种区别不同设计保证率年份的供水方式称为两级调节。在拟定水库的调度方式时，应根据这一供水原则，结合兴利任务的主次和引水方式来统一考虑。

二、发电与灌溉结合的水库的调度要求

1.灌溉引水方式对水库调度的要求

当灌溉是库内引水时，灌溉用水无法与发电用水结合，两者不仅在水量分配上有矛盾，而且对库水位也有各自的要求。但为了保证灌溉季节的引水灌溉，在此时期内的库区水位不能低于渠首的引水高程。这是在水库调度中必须予以注意的。至于水量的分配，可以结合来水情况和兴利任务的主次来合理安排。

当灌溉是坝下引水时，发电与灌溉用水是可以结合的，即发电后的尾水可用于灌溉。这时，灌溉渠道的引水位将取决于下游尾水位。因此，加大发电引用流量增发电能和加大灌溉供水是一致的。只有在灌溉用水高峰季节，灌溉供水量才有可能超过电站的最大供水能力。

2.兴利任务主次对水库调度的要求

兴利任务的主次是影响水库调度方式的关键因素之一。对于主要任务的用水要求，在拟定其保证运行方式时，一般应首先予以满足。如以灌溉（供水）为主的水库，发电一般是为获取季节性电能，在非灌溉季节和自库内引灌的灌溉季节，为保证灌溉正常供水，电站可以停止工作，水库调度可按单一灌溉水库进行。对于以发电为主的水库，在灌溉用水占比重较小且自库内引水时，灌溉用水可按限制条件处理，水库调度也可按单一发电水库进行；承担坝下引水灌溉任务时，可利用发电后的水量灌溉，在灌溉用水高峰时段，宜减小发电流量的变幅，尽量满足灌溉取水需求。如果是发电和灌溉并重的水库，或自库内引水灌溉用水量所占比重较大时，则应按两级调节原则分配水量。只是在丰水年和丰水季，由于发电效益与供水量呈线性关系，而灌溉在满足正常供水后，供水量效益却增加很少甚至不增加，因此不论兴利任务的主次，只要灌溉面积没有扩大，就应在保证正常供水和蓄水的前提下，尽量用余水多发电。

第三节 水库的生态与环境调度

生态与环境调度是通过调整水库的调度方式减轻筑坝对生态环境的负面影响,可分为环境调度和生态调度。环境调度以改善水质为主要目标,生态调度以水库工程建设运行的生态补偿为主要目标,两者相互联系并各有侧重。以改善水质为重点的工程调度是指水库在保证工程和防洪安全的前提下多蓄水,增加流域水资源供给量,保持河流生态与环境需水量,通过湖库联合调度,为污染物稀释自净创造有利的水文、水力条件,改善区域水体环境。以生态补偿为重点的水库调度是指针对水库工程对水陆生态系统,生物群落造成的不利影响,根据河流及湖泊水文特征变化的生物学作用,通过河流水文过程频率与时间的调整来减轻水库工程对生态系统的胁迫。

生态和环境用水调度应遵循保护生态和环境的原则,根据工程影响范围内生态和环境用水的要求,制定合理的调度方式和相应的控制条件。当库区上游或周边污染源对水库水体净化能力影响大时,应结合对库水位的变化与水体自净化能力和纳污能力的分析成果,提出减少污染源进入水库的措施并制定相应的水位控制方案,以使水库水体达到满足生态和环境要求的水质标准。当水库下游河道有水生、陆生生物对最小流量的要求时,在调度设计中应充分考虑并尽可能满足,确实难以满足的应采取补救措施;当水库下游河道有维持生态或净化河道水质、城镇生活用水的基本流量要求时,在调度中应予以保证。

一、水产养殖对水库调度的要求

水库养鱼是淡水渔业的重要组成部分。我国目前可供养鱼的水库水面约有 3000 万亩,占淡水可养鱼面积的 40% 左右,水库养鱼的潜力很大。为了有利于鱼类的生长繁殖,水库调度中必须注意水位的必要稳定和库水的交换量。水位升降过于频繁,会使鱼类索饵面积变化过大,并使库岸带水生植物和底栖动物的栖息环境恶化,影响鱼类的索饵和生长。水位的骤降也会使在草上产卵的鱼类失去产卵附着物,并使草上卵子死亡,从而减少种群数量。库水交换次数过多,交换数量过大,大量有机物质和营养盐类流失,也会影响鱼类的生长与生存。因此,水库调度时应考虑到渔业生产的特殊要求,尽可能为鱼类的养殖提供适宜和有利的条件,以提高单位面积的鱼产量。

对于水库下游河段的鱼类繁殖,水库调度也应在可能的情况下,提供必要的条件。例如,一些在活水中繁殖的鱼类,要求有一定的涨水条件。但春末夏初的繁殖期,又正是水库蓄洪时期。在这个时期,如果水库不泄流或泄流较少,就会影响鱼类的繁殖。因此,需要水库在这个时期尽量为下游制造一个涨水过程。至于为洄游性鱼类创造一个有利的洄游过坝的条件,也是需要考虑的问题。

二、环境保护对水库调度的要求

修建水库无疑会带来巨大的经济效益和社会效益，但也会对周围环境产生相当大的影响。这些影响中有的是积极的，有的是消极的。例如，库区遗留的无机物残渣增加了库水的浑浊度，影响到光在水中的正常透射，从而扰乱了水下无脊椎动物的索饵过程，破坏了原有的生态平衡。库区原有地面植被和土中有机物被淹没后在水中分解消耗了水中的溶解氧，而水库深层水中的溶解氧又不易补充，因此水库深层泄放的水可造成下游若干千米以内水生生物的死亡。库容大、调节程度高的水库，水库水温呈分层型结构。深层温度和溶解氧都较低，显著缩小了鱼类的活动范围。而发电总是在底层取水，在春、夏季泄放冷水至下游时对灌溉与渔业均不利。水库蓄水期间，泄放流量较小，使下游河道的稀释自净能力降低，加重了水质的恶化，也影响到下游河段的水生生物。水库蓄水后水面的扩大为疟蚊的生长提供了滋生地，也为某些生活周期全部或部分是在水中传播某些疾病的媒介物的生存提供了条件，等等。所有这些消极的影响，有的必须通过工程措施才能解决，有的则可以通过改变水库调度方式来改善或消除。例如，为了改善下游河道水质，可以在查清控制河段污染的临界时期基础上，在临界时期内改变水库的供水方式与供水量，使泄量增加以利于下游稀释和冲污自净。为了解决水库水温结构带来的影响，可以采取分层取水的措施，在下游用水对水温有要求时，通过分层引水口引水来满足。为了防止水库的富营养化，既要控制污染源，防止营养盐类在水库的积累，又要尽可能地采用分层取水的办法将含丰富营养盐类的水流排出库外。为了控制蚊子繁殖，在蚊子繁殖季节，库水位可在一定时间内作必要的升降，这样就可以破坏蚊子的繁殖条件和生命周期。

第四节　多沙河流水库的调度简介

我国北方地区多沙河流河水中挟带的泥沙较多。建库以后，入库泥沙不断淤积，带来了严重的水库泥沙问题。因此，多沙河流水库的排沙减淤是水库调度运用中应重视的问题。

一、河流泥沙的基本知识

河流是水流与河床通过泥沙运动相互作用的产物，而河流泥沙是指由于水流的挟带作用形成泥沙运动。

河流中的泥沙是由大小不等的颗粒组成的。通常采用画在半对数格纸上的级配曲线来表示沙样粒径的大小及均匀程度。在级配曲线上，可以方便地查到小于某一特定粒径的泥沙在总沙样中所占的重量百分比。

河流泥沙按其在水流中的运动状态，可分为推移质与悬移质两种类型。推移质是沿河床滚动，滑动或跳跃前进的较粗泥沙。悬移质是悬浮在水中，随水流一块前进的较细泥沙。悬移质中较粗部分，常常是河床中大量存在的，又称为床沙质；较细的部分，是河床中少有或没有的，又称为冲泻质。推移质与悬移质具有不同的运动状态，遵循着不同的力学规律，但它们又是相互交错联系的。在同一水流条件下，推移质中的较细部分主要以推移方式运动，也会有暂时的悬浮；而悬移质中的较粗部分主要以悬移方式运动，也会有暂时的跳跃，滑动或滚动前进。当水流条件改变时，两者会有交替的现象发生。

具有一定水力因素的水流，能够挟带一定数量的泥沙，称为水流挟沙力，但通常所指的是挟带悬移质中床沙质的能力，单位为 kg/m³。水流挟沙力是研究泥沙输送，进行淤积和冲刷计算的一个重要指标。

河流中运动着的泥沙主要来源于流域内地表冲蚀，其次还有原河床的冲刷。因此，影响河流中泥沙量多少的主要因素首先是气候因素和下垫面因素，其次是人类活动。泥沙随水流汇集到河流之中，使河水中含有一定沙量。而含沙浓度的大小，可以用含沙量来表示。一般来讲，多年平均含沙量在 5~10 kg/m³ 以上的，就称为多沙河流；在 1~5 kg/m³ 以下的，就称为少沙河流。除含沙量的区别外，北方多沙河流还有着十分特殊的水沙年内与年际分配特性。从水量上讲，年内基本上集中于汛期，汛期又集中于一两场洪水。年际分配也很不均匀，年际最大水量可相当于最小水量的几倍至近十倍。从沙量上讲，年输沙量高度集中于汛期的几场洪水中，极易出现高含沙水流。而年际间年最大沙量可相当于年最小沙量的几倍甚至几百倍。另外，多沙河流的推移质输沙量相对较少，仅占悬移质输沙量的 10%~20%。掌握河流水沙的基本特性，了解泥沙运动的基本规律，对于研究多沙河流水库水沙调度是十分必要的。

二、水库泥沙的冲淤现象和基本规律

（一）水库泥沙的冲刷现象

水库泥沙的冲刷可分为溯源冲刷、沿程冲刷和壅水冲刷三种。

1. 溯源冲刷

溯源冲刷是指当库水位下降时所产生的向上游发展的冲刷。库水位降落到淤积面以下越低，其冲刷强度越大，向上游发展的速度越快，冲刷末端发展得也越远。溯源冲刷发展的形式与库水位的降落情况和前期淤积物的密实抗冲性有关。当库水位降落后比较稳定，变幅不大，或者放空水库时，冲刷的发展是以冲刷基准点为轴，以辐射扇状形式向上游发展。当冲刷过程中库水位不断下降，则冲刷是层状地从淤积面向深层，同时也向上游发展。当前期淤积有压密的抗冲性能较强的黏土层，则在冲刷发展过程中库区床面常形成局部跌水。

2. 沿程冲刷

沿程冲刷是指在不受库水位升降影响的库段，因水沙条件改变而引起的冲刷，即当水沙条件，如流量和含沙量发生变化的时候，原来的河床就会不相适应，为了调整河床使之适应变化了的水沙条件所发生的冲刷（或淤积，淤积时即为沿程淤积）。由于沿程冲刷是由水沙条件改变引起的，因此其发展形势是由上游往下游发展的。

溯源冲刷与沿程冲刷虽然冲刷的机制不同，发展形势与冲刷部位也不同，但它们在库区冲刷中是互相影响、相辅相成、联合发挥作用的。特别是前者，往往为后者的发展创造条件。由于溯源冲刷的主要作用部位在近坝段，而沿程冲刷的主要作用部位偏于上游库段，因此近坝段的淤积多依赖溯源冲刷来清除，而回水末端附近的淤积，更多的是靠沿程冲刷来清除。

3. 壅水冲刷

壅水冲刷是在库水位较高而上游未来洪水的情况下，开启底孔闸门发生的冲刷。这种冲刷只是在底孔前形成一个范围有限的冲刷漏斗。漏斗发展完毕，冲刷也就终止。漏斗发展的大小与淤积物固结程度有关。未充分固结的新淤积物，易于冲刷，冲刷漏斗就较大。

（二）库区泥沙的淤积形态

库区泥沙的淤积形态分为纵剖面形态与横断面形态。纵剖面形态基本上有三角洲淤积、锥体淤积和带状淤积。横断面形态主要有全断面水平淤高、主槽淤积和沿湿周均匀淤积。

1. 三角洲淤积

淤积体的纵剖面呈三角形形态。这种淤积形态多见于库容相对于入库洪量较大的水库，特别是湖泊型水库。在这类水库的库水位较高且变幅较小时，挟沙水流进入回水末端以后，随着水深的沿程增加，水流流速逐渐减小，相应的挟沙力也沿程减小，泥沙就不断落淤。由于挟沙力沿程递减，以及泥沙落淤过程中的分选作用，淤积厚度是沿程递增的。直到某一断面后，由于含沙量减小很多而且继续沿程递减，淤积厚度才逐渐递减，形成有明显尾部段、顶坡段、前坡段和坝前淤积段的三角形淤积形态。其中坝前淤积段的淤积主要是异重流淤积和浑水水库淤积。

2. 锥体淤积

淤积体的纵剖面呈锥体形态。这种淤积形态多见于多沙河流上的中小型水库。这类水库的壅水段短，库水位变幅大，底坡大，坝高小，在入库水流含沙量又高的情况下，含沙水流往往能将大量泥沙带到坝前而形成锥体淤积。

3. 带状淤积

淤积体的纵剖面自坝前到回水末端呈均匀分布的带状形态。这种淤积形态多见于库水位变动较大的河道型水库。这类水库在入库泥沙颗粒较细且沙量较少时，往往形成带状淤积。

4. 全断面水平淤高

全断面水平淤高是指淤积在横断面上分不出明显的滩槽，使整个断面水平淤高。蓄水运用而壅水严重的水库，水深很大，滩面与主槽的水流条件相差不多，总的淤积量大，往往形成这种类型的淤积。

5. 主槽淤积

主槽淤积是指淤积在横断面上，主要是集中在主槽内。蓄清排浑运用的水库，壅水不高，水流不漫滩或漫滩水较浅，主流主要集中于主槽，因而淤积也主要发生在主槽内。

6. 沿湿周均匀淤积

沿湿周均匀淤积是淤积在该断面上沿湿周均匀分布。少沙河流上的水库，当淤积量小、颗粒较细、水深较大时，往往形成这种类型的淤积。

影响淤积横断面形态的主要因素是水库的运用方式。在水库运用中，控制洪水不漫滩或少漫滩，就能使库区的淤积主要发生在主槽内，避免滩地的淤积。这对水库排沙减淤是有利的。

影响淤积纵剖面形态的因素包括库区地形、入库水沙条件、水库运用方式、库容大小和支流入汇等。其中，水库运用方式对淤积形态起着决定作用。

（三）水库泥沙冲淤的基本规律

1. 壅水淤积

通过淤积对河床组成，河床比降和河床的断面形态进行调整，提高水流挟沙力，达到新的输沙平衡。同样，冲刷也是通过对河槽的调整来适应变化了的水沙条件。两者都是使河槽适应来水来沙条件的一种手段，使输沙由不平衡向平衡发展。换句话说，冲淤的结果是达到不冲不淤的平衡状态。这就是冲淤发展的第一个基本规律——冲淤平衡趋向性规律。

2. "淤积一大片，冲刷一条带"

由于挟带泥沙的浑水到哪里，哪里就会发生淤积，因此只要洪水漫滩，全断面上就会有淤积。特别是多沙河流水库，淤积在横断面上往往是平行淤高的，这就是"淤积一大片"的特点。当库水位下降，水库泄流能力又足够大时，水流归槽，冲刷主要集中在河槽内，就能将库区拉出一条深槽，形成滩槽分明的横断面形态，这就是"冲刷一条带"的特点。

3. "死滩活槽"

"死滩活槽"由于冲刷主要发生在主槽以内，所以主槽能冲淤交替。而滩地除能随主槽冲刷在临槽附近发生坍塌外，一般不能通过冲刷来降低滩面，所以滩地只淤不冲，滩面逐年淤高。这一规律形象地被称为"死滩活槽"。它说明，水库在合理地控制运用下，是可以通过冲刷来保持相对稳定的深槽的。

了解上述规律，对于采用恰当的水库控制运用方式是十分重要的。为保持有效库容，在水库调度中应力求避免滩地库容的损失。一方面，汛期要控制中小洪水漫滩的机会，特别是含沙量高的洪水要尽量不漫滩；另一方面，要力求恢复和扩大主槽库容，即要创造泄空冲刷的有利条件，并采取必要措施使主槽冲得深、拉得宽。

三、多沙河流水库调度方式与排沙措施

多沙河流水库为了控制泥沙淤积，在调节径流的同时，还必须进行泥沙调节。在很多情况下，泥沙调节已成为选择多沙河流水库运用方式的主要控制因素。目前，多沙河流水库水沙调节的运用方式，泥沙调度方式与排沙措施主要有以下几种：

（一）水沙调节运用类型

多沙河流水库的运用方式，按水沙调节程度的不同，可分为蓄洪运用、蓄清排浑运用、缓洪运用三种：

1. 蓄洪运用

蓄洪运用又称拦洪蓄水运用。其特点是汛期拦蓄洪水，非汛期拦蓄基流。水库的蓄、放水只考虑兴利部门的要求，一年内只有蓄水和供水两个时期，而没有排沙期。根据汛期洪水调节程度的不同，又分为蓄洪拦沙和蓄洪排沙两种形式，前者汛期洪水全部拦蓄，泥沙也全部淤在库内；后者汛期仅拦蓄部分洪水，当库水位超过汛限水位时排泄部分洪水，并利用下泄洪水进行排沙。蓄洪运用方式由于水库对入库泥沙的调节程度较低，因而泥沙淤积速率较快，只适用于库容相对较大，河流含沙量相对较小的水库。

2. 蓄清排浑运用

蓄清排浑运用的特点是非汛期拦蓄清水基流，汛期只拦蓄含沙量较低的洪水，洪水含沙量较高时尽量排出库外。

蓄清排浑运用根据对泥沙调节的形式不同，又分为汛期滞洪运用、汛期控制低水位运用和汛期控制蓄洪运用三种类型。

（1）汛期滞洪运用。

汛期滞洪运用是汛期水库空库迎汛，水库对洪水只起缓洪作用，洪水过后即泄空，利用泄空过程中所形成的溯源冲刷和沿程冲刷，将前期蓄水期和滞洪期的泥沙排出库外的运用方式。

（2）汛期控制低水位运用。

汛期控制低水位运用是汛期不敞泄，但限制在某个一定的低水位（称排沙水位）下控制运用的方式。库水位超过该水位后的洪水排出库外，以排除大部分汛期泥沙，尽量冲刷前期淤积泥沙。

（3）汛期控制蓄洪运用。

汛期控制蓄洪运用是汛期对含沙量较高的洪水，采取降低水位控制运用，对含沙量较低的小洪水，适当拦蓄，提高兴利效益的运用方式。当水库泄流规模较大，汛期水沙十分集中，汛后基流又很小时，这种方式有利于解决蓄水与排沙的矛盾。

蓄清排浑运用方式是多沙河流水库常采用的运用方式，特别是我国北方地区干旱与半干旱地带的水库，水沙年内十分集中，采用这种方式，通过实践证明可以达到年内或多年内的冲淤基本平衡。

3. 缓洪运用

缓洪运用是由上述两种运用方式派生出来的一种运用方式，汛期与蓄清排浑运用相似，但无蓄水期。实际上它又分为自由滞洪运用和控制缓洪运用两种形式。

（1）自由滞洪运用。

自由滞洪运用是水库泄流设施无闸门控制，洪水入库后一般穿堂而过，水库不进行径流调节，只起自由缓滞作用的运用方式。水库大水年淤，平枯水年冲；汛期淤，非汛期冲；涨洪淤，落洪冲，冲淤基本平衡。

（2）控制缓洪运用。

控制缓洪运用是有控制地缓洪，用以解决河道非汛期无基流可蓄，而汛期虽有洪水可蓄但含沙量高，但不适于完全蓄洪的矛盾。

（二）水库的泥沙调度方式

1. 以兴利为主的水库的泥沙调度方式

泥沙调度以保持有效库容为主要目标的水库，宜在汛期或部分汛期控制水库水位调沙，也可按分级流量控制库水位调沙，或不控制库水位采用异重流或敞泄排沙等方式。以引水防沙为主要目标的低水头枢纽、引水式枢纽，宜采用按分级流量控制库水位调沙或敞泄排沙等方式。多沙河流水库初期运用的泥沙调度宜以拦沙为主；水库后期的泥沙调度宜以排沙或蓄清排浑、拦排结合为主。采用控制库水位调沙的水库应设置排沙水位，研究所在河流的水沙特性，库区形态和水库调节性能及综合利用要求等因素，综合分析来确定水库排沙水位、排沙时间。兼有防洪任务的水库，排沙水位应结合防洪限制水位研究确定。防洪限制水位时的泄洪能力，应不小于2年一遇的洪峰流量。应根据水库泥沙调度的要求设置调沙库容。调沙库容应选择不利的入库水沙组合系列，结合水库泥沙调度方式通过冲淤计算确定。采用异重流排沙方式，应结合异重流形成和持续条件，提出相应的工程措施和水库运行规则。对于承担航运任务的水库，调度设计中应合理控制水库水位和下泄流量，注意解决泥沙碍航问题。

2. 以防洪，减淤为主的水库的泥沙调度方式

调水调沙的泥沙调度一般可分为两个大的时期：一是水库运用初期拦沙和调水调沙运用时期；二是水库拦沙完成后的蓄清排浑调水调沙的正常运用时期。

水库初期拦沙和调水调沙运用时期的泥沙调度方式，应研究该时期水库下游河道减淤对水库运用和控制库区的淤积形态及综合利用库容的要求，并统筹兼顾灌溉、发电等其他综合利用效益等因素。研究水库的泥沙调度方式指标，综合拟定该时期的泥沙调度方式。

（1）水库初始运用调水位应根据库区地形、库容分布特点，考虑库区干支流淤积量、部位，形态（包括干、支流倒灌）及起调水位下蓄水拦沙库容占总库容的比例，水库下游河道减淤及冲刷影响，综合利用效益等因素，通过方案比较拟订。

（2）调控流量要考虑下游河道河势及工程险情、河道主槽过流能力，河道减淤效果及冲刷影响，水库的淤积发展及综合利用效益等因素，通过方案比较拟订。

（3）调控库容要考虑调水调沙要求，保持有效库容要求、下游河道减淤及断面形态调整，综合利用效益等因素，通过方案比较拟订。

水库正常运用时期蓄清排浑调水调沙运用的是泥沙调度方式，要重点考虑保持长期有效库容和水库下游河道要继续减淤两个方面的要求，并统筹兼顾灌溉、发电等其他综合利用效益等因素。研究水库蓄清排浑调水调沙运用的泥沙调度指标和泥沙调度方式，保持水库长期有效库容以发挥综合利用效益。

3.梯级水库的泥沙调度方式

梯级水库联合防沙运用，一般应根据水沙特性和工程特点，来拟订梯级运行组合方案，采用同步水文泥沙系列，分析预测泥沙冲淤过程，通过方案比较，选择合理的梯级泥沙联合调度方式。

梯级水库联合调水调沙运用，应根据水库下游河道的减淤要求，水沙特性和工程特点拟订梯级联合调水调沙方案，采用同步水文泥沙系列，分析预测出库区淤积，水库下游河道减淤效益及兴利指标，通过综合分析，提出梯级联合调水调沙调度方式。

（三）水库排沙措施

水库的排沙方式可分为水力排沙和动力排沙两大类。前者是用水流本身的输沙能力来排沙；后者是用机械或人工来排沙，包括水力吸泥、人工清淤和机械清淤。由于水流本身的输沙能力与水流流态有关，而水流流态又与水库运用方式有关，因此水力排沙与水库运用方式关系十分密切。水力排沙可分为滞洪排沙、异重流排沙、浑水水库排沙、泄空排沙和基流排沙等。

1.滞洪排沙

蓄清排浑运用的水库，在空库迎洪或降低水位运用时，若入库洪水流量大于泄水流速，故细颗粒泥沙可被水流带至坝前而排出库外。蓄洪运用的水库，在洪水入库时若水位较低，或入库洪水较大，水流流态也可以是明流，此时水库泄洪也能将细颗粒泥沙排出库外。这两种利用明流壅水情况下的水库排沙都称为滞洪排沙。

滞洪排沙的特点是洪水初发时出库含沙量较高，随后逐渐降低。因此，排沙效率的高低与排沙时机有关。除此之外，还与滞洪历时、洪水漫滩程度、入库洪水特性和泄量大小等因素有关。开闸及时，下泄量大，滞洪历时短，排沙效率就高。中小型水库大都回水短，底坡陡，洪水陡涨猛落，滞洪历时短而漫滩机会少，滞洪排沙效率较大型水库要高，有的甚至可大于10000，冲走前期淤积。

滞洪排沙的排沙泄量的合理选择也十分重要。泄量过大，会影响蓄水和引洪淤灌；泄量过小，将使滞洪历时拉长，使泥沙沉积，来影响排沙。可以从水库多年运用的实际经验中总结出一套可行的标准，或建立排沙效率与主要影响因素。为了尽可能地提高排沙效率，减少弃水量，中小型水库应充分利用洪水前期含沙量高、颗粒粗的特点，及时启闸排沙，并尽量加大泄量。在经过一段时间后，排沙效率下降，则减小泄量以节省水量。

2. 异重流排沙

异重流是指重度有较小差异的两种流体所产生的相对运动。在相对运动中，互相不发生全局性的掺混。水库异重流是在洪水期含有大量细颗粒泥沙的浑水进入库水时，由于库水重度与清水相近，但浑水重度稍大，一定条件下浑水水流便潜入库底，沿库底向下游运动，不和库水发生全局性掺混的异重流运动。

在水库蓄水期间，具有一定数量细颗粒泥沙的浑水，在其他条件具备的情况下，往往能形成异重流向坝前运动。特别是中小型水库，异重流多能到达坝前。如果能正确判断异重流抵达坝前的时刻，及时打开底孔闸门，就能形成异重流排沙，将一部分入库泥沙排出库外。这种利用异重流的特性进行的水库排沙，由于初始排出的水流含沙量大，排沙效率高。随着洪峰的降落，出库水流的含沙量和排沙效率也随之降低。水库异重流形成后的持续时间取决于洪峰的持续时间，而异重流运行到坝前的时间取决于它的流速和流程的长短。

异重流排沙泄量的选择是异重流排沙中的一个重要问题。泄量过小，虽出库含沙量高，但排出的总沙量不大；泄量过大，则浪费水量，不利于径流调节。目前，多采用因果分析建立经验关系来确定，如建立第1日平均排沙泄量与前期蓄水量，入库洪水峰前量和排沙效率的经验关系。鉴于异重流排沙的特点，排沙泄量在洪峰降落后应逐渐减小。

异重流排沙的排沙效果，由于浑水潜入库水下面后会有部分浑水向水库中扩散，以及潜入点附近的泥沙在主槽两侧滩地上大量落淤，因而异重流排沙的效果比滞洪排沙低。异重流排沙的排沙效率与洪水水沙情况、库区地形、泄流设施和管理运用等因素有关。流量大、历时长、含沙量高的洪水，既能保证异重流持续运动到坝前，又能减缓泥沙沉降，因而排沙效率高。平顺的库区地形和较陡的底坡，使异重流不易扩散掺混，排沙效率也高。泄流底孔高程低、泄量大、开启闸门及时，排沙效率也较高。

异重流排沙是水库在水量较小情况下的排沙减淤措施。我国北方干旱与半干旱地区，水量缺乏，水库排沙与蓄水兴利的矛盾相当突出。这些地方的水库，异重流排沙因其弃水量小、不影响水库蓄水，且能结合灌溉，得到了广泛的重视和利用。

3. 浑水水库排沙

浑水水库是指当异重流抵达坝前，启闸不及时或泄量小于来量时，坝前产生塞水，随着浑水的集聚，清浑界面逐渐升高，而形成的近于平行于河床的浑水面以下的部分。蓄洪运用水库在库内没有清水，汛期拦蓄全部或大部分浑水，不排沙而泄量很小时；或者滞洪排沙运用水库，泄流能力比入库洪峰过小时，由于泥沙沉降，表面澄出清水，也会形成清浑界面，下部浑水也叫浑水水库。

在浑水水库形成以后，由于泥沙颗粒在浑水中的沉速远小于在清水中的沉速，而且浑水的沉降是以浑液面形式进行的，因此在浑水面下降到泄流底孔进口高程以前，都可以在排浑的时候排除部分泥沙。这种利用浑水水库泄浑排沙的方式，又称为浑水水库排沙。我国北方地区的中小型水库，由于洪水陡涨猛落，含沙量高，入库后流程又短，极易形成浑水水库，因而浑水水库排沙也是常用的排沙方式。

浑水水库的排沙效率主要与水沙条件，库型和泄流的规模有关。当库型与泄流规模一定时，洪量大，含沙量低，粒径粗，则排沙效率低。在其他条件相同的情况下，湖泊型水库滞洪水深小，泥沙落淤面积大，排沙效率就低。当水沙条件，库型一定时，排沙底洞低，泄流能力大，则排沙效率高。

4. 泄空排沙

泄空排沙是指放空水库，在泄空过程中由于水位下降，回水末端向坝前移动而产生的沿程冲刷与溯源冲刷来排除库内泥沙的排沙方式。其特点是出库含沙量逐渐加大。泄空后期若突然加大泄量，排沙效果更好。这种方式的排沙效率与前期淤积的固结程度有关。淤积没有充分浓缩固结的，排沙效率较高。因此，及时泄空排沙也是十分必要的。另外，在泄空过程中，辅以人工或机械推搅，对于小型水库也是十分有效的。

5. 基流排沙

基流排沙又称常流量排沙。它是水库放空后继续打开闸门，让含沙较少的基流畅行冲刷主槽的一种排沙方式。其特点是开始排沙量大，随后逐渐减小。在排沙过程中，一旦主槽纵坡和岸坡相对稳定，排沙效果就会很快下降，而基流量的大小和含沙量的高低对排沙效果影响较大。基流流量大而含沙量低，排沙效果就好。

以上介绍了目前生产上常用的几种水库排沙方式。需要指出的是，多沙河流水库的排沙方式一般取决于水库的运用方式。水库的泥沙调节和排沙方式应考虑来水来沙条件和水库本身的条件，来考虑水库综合利用的效益目标，从实际情况出发，因地制宜地选取适合的优化控制运用方式。注意处理好蓄水兴利和排沙减淤的矛盾，近期效益与远期效益的矛盾。在选择排沙方式时，不应唯一或固定，而应因时制宜地交替使用。

至于动力排沙，亦即采用挖泥船、吸泥泵清除水库淤积的办法，目前还多限于水资源十分缺乏的干旱地区。这些地区的水库，或是因没有底孔设施而不能采用上述排沙方法，或是为保存水量，所以只能采用机械清淤的办法。实践证明，这种办法对于中小型水库和平原水库具有一定的效果。例如，日本曾在小型水库上用吸泥泵结合放淤改良土壤进行库区清淤。阿尔及利亚因气候干旱，水资源缺乏，不允许水库泄水排沙，而采用挖泥船清淤费用虽高，但比水库淤满后另建新库便宜很多。我国北方某些地区利用小型吸泥船和吸泥泵清淤，也取得了较好的技术经济效果。

第五节　其他要求下的水库调度

承担了多种兴利任务的综合利用水库，水库调度除要满足防洪、灌溉、发电、给水等部门的用水要求外，往往还需要最大限度地满足航运、泥沙，供水等方面的特殊要求，应通过调度最大限度地满足各方面的要求，尽一切可能将不利影响转化为有利影响。由于这些方面的问题比较复杂，需要进行专门的研究。

一、工业及城市供水的水库调度

我国目前工业及城市生活用水的水平比起其他发达国家来还很低，随着工业的发展和人民生活水平的提高，其用水量必将大大增加，而目前水源已经十分紧张，相当多的大中型城市已经受到缺水的威胁，天津市在引滦入津工程完成以前便是突出的例子。因此，工业及城市供水的任务必将变得愈来愈重要，有些过去不承担供水任务的水库现在已增加了供水的任务。

（一）工业及城市供水的特点

工业及城市供水的显著特点就是保证率要求很高，一般要求在95%以上（年保证率），有的甚至高达98%、99%，故不少以供水为主要任务的水库为多年调节水库。此外，年内供水的过程除受季节影响略有波动外，一般是比较均匀的。

工业及城市供水有比较高的水质要求，应当控制进入水库的污染源，并控制泥沙，具体标准国家有关部门已有规定。

对于工业用水，应当大力推广循环使用，这样可以大幅度减少实用水量，达到节约用水、扩大效益的目的。

（二）水库调度图的绘制

以供水为主要任务的水库调度图，与灌溉水库类似，其主要目的是划分正常供水、降低供水与加大供水（如果有其他任务，而加大供水又有一定的效益的话）的界限。

调度图的绘制方法一般分时历法和统计法。时历法是根据长系列径流资料找出几个枯水段，以要求的供水过程进行反时序径流调节计算，求出各年各月蓄水量，然后各月取上包线得到防破坏线；再以某一降低供水过程进行以上类似的径流调节计算求出上包线，作为限制供水线（这一点与灌溉水库有所不同），或把防破坏线下移使其最低点等于死库容，作为限制供水线。按统计法计算首先要划分出多年库容与年库容，根据年库容选择几个典型年（年来水量等于用水量）计算蓄水过程，取外包线得到限制供水线，加上多年库容则为防破坏线。这里要指出的是，目前径流系列还不够长，而供水保证率要求很高，故一般应当取已经出现的所有典型年计算来做外包线比较稳妥。具体调度图形式与灌溉水库类似。

以供水为主要任务的水库的水电站，一般只是在向下游供水时才发电，即"以水定电"。当水库水位处于正常供水区以上时，可以加大发电，也可以从其他方面扩大效益。

当水库水位处于限制供水线时，应及早采取措施，减少用水量，否则到了后期是无法保证最小供水量的。

二、航运的水库调度

（一）航运的水库调度的要求与原则

水库的修建，对于航运有利也有弊。在水库上游通过水库的积蓄作用形成了一段深水航道，提高了通航行船的能力；在水库下游通过的水库运用调节减小了洪水流量，增大了枯水流量，改善了航运条件。而不利的影响也不少，由于水库未建过船建筑物而使上、下游航运中断；由于水电站进行日调节造成过于剧烈的水位波动及过小的下泄流量；由于库水位的消落难以准确预计而使交通接续困难；由于变动回水段的冲淤而给航运带来很多困难等，诸多不利影响除采取工程措施予以解决外，还应尽可能在水库调度中加以考虑来改善。水库调节以航运为主的比较少见，一般均是把航运作为综合利用水利任务中的一项来与其他方面结合考虑。航运对水库调度的基本要求是：在上游尽量保持较长时期高水位的同时，应注意避免航道的淤积。在下游，要求水库泄量不得小于某一数值，控制下游水位的变幅在某一范围内，使下游河道的流速满足一定的要求。

在设计航运调度的时候要遵循以下两条原则：一是水库航运调度设计中应以流域或河段综合利用规划以及航运规划为依据，根据水库工程条件，发挥其航运作用；二是水库航运调度设计中应协调好航运的近期与远期、上游与下游以及干流与支流等多方面的相互关系。

（二）航运的水库调度内容、方式和措施

航运调度设计应包括以下主要内容：拟定水库的通航水位与通航流量，提出对水库水位运用和水库泄流的控制要求，分析水库建成后泥沙冲淤对水库上、下游航道的影响，必要时提出合理解决航道冲淤问题的水库调度方式。

航运调度方式包括固定下泄调度方式和变动下泄调度方式。航运保证率范围内的水库下泄流量应不小于最小通航流量，不大于最大通航流量。水库变动下泄流量应满足上、下游航道的流速流态要求。航运调度方式拟定后，应检验是否符合航运保证率，通航流量，上、下游通航水位及水位变幅，等等。必要时，应修改水库调度方式，使其满足通航要求。

对于航运不是主要任务的水库，在水库调度中可以考虑以下一些措施：

（1）关于水电站日调节问题，基于水电站的特点，它在系统中适宜担任尖峰负荷，故水电站调峰通常是必要的与经济的，即日调节不可避免。但为了统筹兼顾航运方面，应当

在担负峰荷的数量上及负荷曲线的形式上与系统调度方面的协商做好安排，使电站只担任必要的部分，负荷曲线尽可能避免突变，使日内泄水过程变化不过于剧烈。根据泄水过程还应进行水电站下游日调节的不恒定流计算，以校验是否满足航运对水位、流速变化的要求。如果航运与发电矛盾很大，还应提供研究情况请上级主管部门做出究竟按何种方式运行的决策。

（2）在日常的兴利调度中，应当按照原水利规划的要求为航运补充水量，如果规定在非灌溉季节有补充航运用水的安排，应当执行。如果航运用水是与其他（发电，灌溉等）用水结合的，则应注意当其他方面放水不足航运最低要求时应尽量按航运最低要求放水。

（3）在日常的洪水调度中，主要应当根据防洪要求来进行泄水，当有条件时，也应尽可能照顾航运，不使泄量过大及变化过猛。特别是在某一流量以上就要停航时，希望在一般情况下泄量不要超过此流量，若必须超过则应事先告知，以免造成损失。

（4）对水库水位的消落，也希望在可能条件下照顾到交通接续的实际情况。水库水位消落当然是不可避免的，而水位消落以后，由于无适当的码头地点而可能使交通接续发生很大困难，给库区人民生活造成很大不便，故在调度中应尽可能使船能到达合适的码头。

对库尾航道的淤积问题，解决是比较困难的，只有逐步摸索出规律，找到在哪些库水位及其他条件情况下对淤积有利，哪些情况下很少产生淤积，根据航道的重要性拟定相应的调度措施。

三、防凌工作的水库调度

在一定的气候条件和特定的环境下，封河时期和开河时期，江河因结冰和融化而造成壅水出现的汛情，称为凌汛。利用水库防御凌汛来部分地改变发生凌汛的某些因素，达到减缓和免除凌汛的目的，就是防凌工作的水库调度。

水库防凌调度应按以下原则设计：

（1）防凌调度设计应在确保大坝本身防凌安全的基础上，满足凌汛期不同阶段水库上、下游河道防凌调度要求，并兼顾水库其他综合利用要求。

（2）当有多个水库参与防凌调度时，应考虑水库群的联合防凌调度。

（3）防凌调度设计应充分考虑各种可能的不利因素，以确保防凌安全。

（4）水库防凌调度设计一般不考虑冰凌洪水预报。

水库防凌调度的运用方式，应根据水库所承担的防凌任务和水库大坝本身及上、下游河道的防凌要求，再结合凌汛期气象、水情、冰情等因素来合理拟定。水库对大坝本身的防凌安全调度应根据设计来水、来冰过程，结合泄水建筑物的泄流规模，按满足大坝防凌安全的设计排凌水位、排凌运用。水库对上游河道的防凌调度应根据水库末端冰凌壅水影响程度，按满足水库上游河道防凌调度要求的设计库区防凌控制水位运用。水库对下游河道防凌调度应根据气象条件，上游来水情况以及下游河道凌情，按满足水库下游河道防凌调度要求的设计防凌限制了水位运用，并结合凌汛期不同阶段下游河道冰下过流能力和防凌安全泄量控泄流量。凌汛期应实行全过程调节。

例如，黄河下游的防凌调度方式为：水库可在即将封河时加大泄量，以推迟封河时间并形成较高的冰盖；在封河开始后，逐步控制减少泄量，减少河道槽蓄并稳定封河期流量均匀，以避免引起局部融冰堵塞；在开河期，水库可在预报下游封冻最上端，开河前开始关闸控制减少泄量，甚至在条件许可时断流，直至下游封冻段即将开通时，再自由泄水。黄河三门峡水库就是在每年的 11~12 月，防凌前蓄水 5 亿 ~ 7 亿 m^3，用以加大泄量以推迟下游河道封冻和抬高冰盖，增大冰盖下的过流能力。在 1 月中旬至 2 月底，水库限泄 200 ~250 m^3/s，进入防凌蓄水，以确保下游河道防凌的安全。

为保障水库防凌安全，充分利用水资源，需编制水库防凌调度图。水库防凌调度图采用时间为横坐标，库水位为纵坐标，由防凌高水位线、防凌限制水位线、防凌调度线组成防凌调度区。防凌高水位线以下至防凌限制水位线为下游防凌区，按拟定的对下游防凌调度方式运用。以防凌限制水位、下游河道凌汛期安全泄量为控制条件，综合考虑凌汛期水库的发电，供水灌溉等综合利用要求，在长系列调节计算的基础上，绘制防凌调度图。防凌调度图编制完成后，应当根据实测典型年水文气象资料进行验证，检查调度线的合理性，必要时需要修正调度线。

第八章　库群调度

　　传统的水库调度是以发电、防洪、灌溉等为目标，建立调度模型，基于系统科学的思想对模型求解，然后制定水库的调度方案。现在水资源系统可持续调配理论是重点研究和优先资助方向，所以如何提高水资源利用率越来越引人关注。

第一节　库群调度的基本知识

一、流域及库群规划简述

　　一座独立运行的水库，无论是防洪、给水，还是发电，都是要在控制风险的前提下，设法获取最大的综合效益。但当一座水库的运行对上、下游的水库产生影响时，这就要考虑怎样获取整体的最大效益。而且，随着我国人口的增长和经济社会发展以及城市化、工业化进程的加快，对水的需求进一步提高，水的供需矛盾和水环境问题越发突出，利用水库的调蓄功能进行水资源的整体优化配置至关重要。

　　随着水资源的不断开发利用，一条河流或一个流域内往往建有一批水库，形成了一个水库群，如黄河上游、长江上游和清江梯级水库群等。从保障流域可持续发展和维护河流健康出发，需要建立兴利、减灾与生态协调统一的水库综合调度运用方式，这些水库调度运用要纳入到全流域的统一调配，实现流域水资源的优化配置。原有的单库分散调度的方式在进行防洪和兴利调度的同时，没有考虑对水库群以及整个流域的影响，不利于流域内水利综合效益的发挥。水库群的形成，改变了原来单库或少库的水力条件，各水库之间存在相互影响，这就需要站在全流域的高度，采取联合调度的方式，开展水库群优化调度，让它们在保证安全的基础上发挥最大的"群体"效益。具体而言，为了从全流域的角度，研究防灾和兴利的两重目的，需要在河流的干支流上布置一系列的水库，形成在一定程度上能互相协作，共同调节径流，满足流域中各用水部门多种需要的整体，这样一群共同工作的水库整体即称为水库群。为了明确水库群的调度工作，需要具备流域规划的一些基本知识。下面仅简述中小流域的规划问题。

（一）中小流域制订综合利用规划一般应遵循的原则

1. 要综合分析统筹兼顾

治理和开发河流，要确保安全，上下游、左右岸统筹兼顾，综合利用、综合治理、综合开发、综合平衡。安全是第一位的。上下游兼顾、统一调度是基本原则。综合利用是指水利、动力、土地资源以及生态的全面安排综合使用，而且力争每项工程措施同时为几种治理要求服务。综合治理是指对治山、治水、治沙，治碱和生态保护等统一考虑；综合开发是指上中下游统一考虑，大中小工程结合；综合平衡是指人力、财力、物力全面分析，开发利用与实际可能要相平衡，做到耗费小，收益快，经济效益大和生态良好。

2. 要树立全局观点

从流域的实际情况和特点出发，要分清主次，明确轻重缓急，分期分批逐步开发，尽可能增加国民经济的总效益。

3. 要有政策观念

拟定开发治理方案时，要注意符合有关政策，保证发展方向正确。从经济技术上可行的各种方案中，选出较优方案。

4. 要有可持续发展观点

一定要考虑到国民经济可持续发展对开发河流的新要求，还要考虑流域之间引水对本流域的影响。

（二）流域综合利用规划的基本内容和步骤

1. 调查研究、确定规划方针及开发治理任务

搜集有关资料：流域自然地理方面的资料，如流域的地理位置、面积、地形地貌、河长、坡降等；水文气象资料，如降雨量、蒸发量、气温、风向、冰霜期、日照以及河流的水位、流量、洪水、年径流量、泥沙等；地质、水文地质和土壤资料，如岩石的种类、分布、性质和结构，地下水的分布、贮量、水质和流向，土壤的种类、分布和性质，等等。

社会经济情况方面的资料：城镇分布，工业、农业、林牧渔业、交通运输、科学文化等现状和发展规划。分析研究上述情况，明确流域特点，确定规划的方针和治理开发的主要任务。

环境方面的资料：除以上有关环境的资料外，还应搜集大气、水、土地、生态等方面的环境指标及重点污染源情况等资料。

其他相关资料：应注意搜集流域内历代治水与主要水系历史演变概况、以往规划成果与实施概况，流域治理开发现状与已建主要水利工程设施等有关资料，并有重点地搜集了解本流域和相关地区国民经济发展总体规划，有关科研成果及有关部门的发展规划资料。

2. 编制综合利用规划方案

根据流域的规划治理方针和任务，拟出工程技术措施的各种方案，包括防洪、灌溉、

水力发电、水土保持、生态用水、航运等。干支流、上下游统一考虑，布置水库群，再确定水利水电骨干工程，拟出近期和远期规划。

3. 环境影响评价

流域综合利用规划应将维护和改善流域的生态与环境作为一项重要的任务，使经过治理和开发的流域在经济、社会和环境方面得以协调发展。

江河流域治理开发规划方案对生态与环境的影响，可从宏观上进行综合分析和总体评价，分析对流域主要环境要素的影响，为比选规划方案提供依据。对流域环境有较大影响的控制性工程和近期重点工程，必要时应提出环境影响评价的专题报告。

4. 技术经济分析

选择较优方案对各种规划方案进行水文水利计算，解决了防洪与兴利之间的矛盾。并对各方案中大中型水利工程做经济分析，估算工程量、投资（包括淹没损失）效益，通过分析比较，选出较优的开发方案。

5. 选定近期工程

提出规划方案和实施步骤，推荐近期工程。

（三）流域综合利用规划方案的拟定

在调查研究的基础上，根据规划原则和内容，结合实际需要与可能，认真分析河流特性，做出既符合流域自然规律，又适应水利可持续发展的规划方案。由于各流域的自然情况和社会经济差异很大，所以治理开发的任务也不相同。但是，对于中小流域综合利用规划方案，大体上可归纳为以下两类：

1. 以防洪、灌溉为主的规划方案

在丘陵山区，山低坡缓，河槽两岸地势平坦，土地肥沃，有发展农业生产的良好条件。但是往往水源缺乏，又易受洪涝灾害。因此，流域治理开发，应以防洪、灌溉为主。

在水土流失严重的干旱流域，一般应以水土保持发展灌溉为重点。

防洪、除涝是流域治理开发的重要内容。要分析洪水特性，洪涝灾害的形成和影响，因地制宜地拟定防洪治涝的方案。一方面采取修库拦洪，洼地蓄洪、引水分洪、挖河排涝等工程措施；另一方面要采取生物措施，在山丘上植树造林，保持水土，防风固沙，涵养水源。一些经济发达国家的情况说明，森林覆盖率达30%以上，而且分布均匀，才能起到调节气候、防御自然灾害、保证农业稳定发展的作用。森林还可以改善自然条件，防止环境污染，起到保持生态平衡的生物效用。我国的森林覆盖率较低，而且分布很不均匀。如果水土流失严重，使水库淤积，会减少水库寿命，影响水库蓄水。因此，在流域治理开发中，植树造林应列入重要项目。

在流域中下游平原易涝地区，应该从实际出发，拟定治涝措施。根据作物排水要求，采取降低地下水和排除地面水的方式。如挖深沟排水，修筑台田，防止盐渍化；开挖截流

沟，将山丘坡面水撤入河道，做到高水高排，低水低排；还可利用湖泊、洼淀、沟塘及稻田滞蓄涝水。

灌溉规划，是要根据流域内水土资源地形情况，划分灌区，来确定灌溉面积，研究灌区供水量，充分利用当地水源。拟出环山干渠，使库塘相连形成"长藤结瓜""井渠结合"的水利系统，实现大面积自流灌溉。少数地方必要时，可配合机电抽水灌溉，形成蓄、引、提相结合的水利灌溉系统，使流域发展成为旱涝保收、稳产高产的农业生产基地。

防洪方面，近期防洪标准 10 年一遇洪水，保护农田 15 多万亩，使 16 多万人免受洪灾。随着流域治理工作的完善，防洪标准逐步提高。利用灌溉水发电，装机容量 1 万多 kW，年发电量约 3 000 万度。山丘、平原、河渠道路两旁加强绿化，发展用材林和经济林。山、水、林、田、路统一布局，形成旱涝保收、绿树成荫，花果遍野、风景秀丽的鱼米之乡。

2. 以发电为主的规划方案

在山区河谷狭窄、耕地较少、落差比较集中的中小河流，水利资源的开发应以发电为主。

根据河流地形、地质情况，在干流和主要支流上，布置若干大中型骨干控制工程，解决发电、灌溉、防洪、航运等综合利用问题。

布置梯级电站方案，水能开发方式可以为混合式、引水式、堤坝式，要因地制宜地利用落差，尽可能地使各梯级电站"首""尾"相连。从水库调节性能和水能利用考虑，应在上游布置库容大的水库，以有利于整个河流的梯级开发。中下游各梯级电站有条件时也应建库蓄水，以增大调节性能。如果无中高水头坝址，修建低水头水库有时也是必要的。

布置梯级水电站不仅要考虑水能的开发利用，而且还要注意淹没损失问题。重要的农业区、工矿区、交通干线、名胜古迹往往不能淹没。对于灌溉、防洪、航运、渔业、水土保持、植树造林等水土资源综合利用问题，在全流域要统筹安排，做到上、中、下游和"点，线，面"相结合，全面考虑，合理布局。

我国许多中小河流实现了梯级水电站开发方案，取得了丰富的规划设计、建筑施工、管理运行方面的经验。

二、水库群调节计算的目的与途径

水库群的类型，按照各库在流域中的相互位置和水力联系的有无，可以分成下列三种类型，即串联水库、并联水库和混联水库三种水库群。

水库群所控制的流域面积、涉及范围越大，发挥的作用就越大。水库群调节计算的目的，在于充分发挥库群的联合作用，更合理地调节天然径流过程，解决河流来水与用水之间的矛盾、兴利与防洪之间的矛盾，更有效地治理、开发河流，利用水土资源，适应国民经济发展的需要。具体来说，库群联合运用相对于各水库单独运用而言，在防洪方面，可以提高总的防洪效益，减少水害；在灌溉方面，可以提高总的设计灌溉供水量，扩大灌溉效益；在发电方面，可以提高总的保证出力，增加发电量。

由于河流特性、气候特征、水文情况的差异，各水库入库径流的时间和数量都不相同，各水库的库容大小也不一样，因此进行库群之间的径流调节时，主要途径是联合工作、取长补短、互相补偿的方式。

一级电站有多年调节库容，可拦蓄较多的水量。若汛期一至四级电站之间的区间径流量较大，则可充分利用区间径流发电，一级电站水库则尽可能拦蓄上游径流，少放水；汛后区间径流小时，则加大一级电站的发电供水。对三四级电站来说，则起径流补偿作用，故称补偿调节，提高了各梯级电站总的保证出力和发电量。

三、水库群联合工作的特点和水利计算任务

梯级水库群的工作特点主要表现在下列四个方面：

1. 库容大小和调节程度上的不同

由于各库地形条件的不同，库容有大有小；库容大，调节程度高的就常可帮助调节性能差的一些水库，发挥出所谓"库容补偿"调节的作用，提高总的开发效果。

2. 水文情况的差别

由于各库所处的河流在径流年内和年际变化的特性上可能存在的差别，在相互联合时，就可能提高总的保证供水量或保证出力，起到所谓"水文补偿"的作用。

3. 径流和水力上的联系

对于梯级水库，这种联系影响到下库的入库水量和上库的落差，使各库无论在参数（如正常蓄水位、死水位，装机容量、溢洪道尺寸等）选择或控制运用时，均有极为密切的相互联系，往往需要统一研究来确定。

4. 水利和经济上的联系

一个地区的水利任务，往往不是单一水库所能完全解决的。例如，河道下游防洪的要求，大面积的灌溉需水以至大电力网的动力供应，往往需要由同一地区的各水库来共同解决，或共同解决效果更好，这就使组成梯级水库群的各库间具有了水利和经济上的一定联系。例如规划中曾考虑由三峡以上干支流几个较大的水库来共同负担长江中游一定的防洪任务。从更广的角度看，由于水量、能量在地区分布上的不均衡性，有时也需要在流域间进行水量和电力的调配，这就使不同流域之各库间发生水利和经济上的联系。

水库间上述四方面特点和联系的存在，不仅影响到各水库参数（如正常蓄水位、死水位、装机容量等）的合理选择，而且也影响到调节方式的拟定，即统一调度的问题，因此不得不影响到各水库，特别是水库群整体的效益大小和经济指标，这些就是梯级水库群的水利计算所要解决的任务。参数选定，调度方式和经济效益分析这三方面，当以库群整体

的优劣为标准来考虑时，多半与各库单独考虑时的成果有所不同，甚至差别很大。

库群的规划和调度，问题较复杂，为了便于说明和求解，往往把它区分为几种主要的典型。如区别发电和非发电，串联和并联，兴利和防洪等情况，以及按传统的计算方法，或按优化方法来进行。

第二节　水电站库群调度

水库群作为一个系统、一个整体，其效益不再是各水库效益的简单相加，而是应大于各水库效益之和。水库群的联合调度利用各水库在水文径流特性和水库调节能力等方面的差别，通过统一调度，在水力、水量等方面取长补短，提高流域水资源的社会、经济与环境效益。比如，在黄河干流上，现已建有龙羊峡、刘家峡、万家寨、三门峡和小浪底等水库，近年来，通过水库群的联合调度运用，进行了调水调沙、水量调度、防洪防凌调度、兴利调度等，对优化配置水资源、保护生态环境、维护河流健康、促进社会经济的健康发展等都发挥了重要作用，社会、经济和生态效益显著。

当然，根据调度目标不同，水库群的调度方式和调度基本原则也不相同。水电站库群主要是指以发电为主的水库群。这类水库群通常也兼有防洪、灌溉等综合利用的任务，水利计算主要研究发电效益。一个地区的水电站库群，往往都向同一个电网供电，无论是有水力联系的串联水电站，还是不同河流上无水力联系的并联水电站，都可以进行补偿调节。各水电站经过联网后，进行统一调度，具有更大的灵活性和优越性。

水电站库群调度，就是在研究各水电站在装机容量不变的情况上，如何发挥库群的联合作用，进行统一调度，提高总的保证出力和发电效益。具体来说，有以下三方面：第一，研究水电站群的补偿调节作用，通过补偿调节计算，确定各水电站间的最优补偿效果，以减少弃水，提高总的保证电能，并确定各水电站通过补偿后，在统一调度中的出力过程；第二，在电力系统中保证正常供电的条件下，研究各水电站最优蓄水、放水次序，进行合理调度，增加发电量；第三，绘制各水电站在水库群统一调度下的调度图，以指导调度工作。

一、水电站库群补偿调节

水电站库群补偿调节的情况可分为两方面：一方面是由于各水电站处于不同的流域或处于同一流域的不同位置，河川径流具有年际变化与年内分配的不同步性，如甲河丰水时，乙河可能是平水或枯水，可通过高压输电线联网进行径流电力补偿调节。这种由于水文差异而获得的补偿效益，称为水文补偿效益。另一方面，由于水电站库群中各水库调节性能不同，在电网中联合工作时，由调节性能高的较大水库改变调度方式，帮助调节性能差的较小水库提高保证电能，使季节性电能转变为可靠性电能，从而提高电力系统中的保证出力和供电质量。这种因库容大小的差异而获得的电力补偿效益，称为库容补偿效益。由此可见，水电站库群补偿调节是十分必要的，其具体计算分述如下：

（一）串联水电站的径流补偿调节计算

如图 8-1 所示，甲水电站为年调节水库。乙水电站由于地形和淹浸等条件的限制，仅修一个壅水坝（或引水式水电站壅水坝），无调节能力。为了提高乙水电站枯水期的调节流量和两水电站的电能，由甲水电站对乙水电站进行径流补偿调节。

补偿调节的方式为：在丰水期甲水电站少泄流多蓄水，使乙水电站充分利用区间（包括支流）径流；在枯水期因区间径流较少，则由甲水电站多泄流以提高乙水电站的调节流量。由于乙水电站仅有壅水坝，甲水电站的补偿调节对乙水电站发电来说，增加了径流利用率，减少了弃水，而对水头的影响很小，故为径流补偿调节。如果乙水电站为具有一定调节能力的水库，甲水电站的补偿调节不仅是径流补偿，而且对乙水电站的水头也有一定影响。对这种情况，需要考虑径流与水头的综合影响。

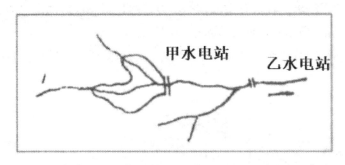

图 8-1 径流补偿调节的串联水电站布置示意图

（二）并联水库的兴利补偿调节

在并联水库甲、乙主要为保证下游丙处灌溉和其他农业用水的情况下，进行水利计算时，首先要做出丙处设计枯水年份的总需水图。从该图中逐月减去设计枯水年份的区间来水流量，就可得出甲、乙两水库的需水流量过程线。其次，要确定补偿水库和被补偿水库。一般以库容较大、调节性能较好、对放水没有特殊限制的水库作为补偿水库，其余的则为被补偿水库。被补偿水库按照自身的有利方式进行调节。设甲、乙两水库中的乙库是被补偿水库，按其自身的有利方式进行径流调节，设计枯水年仅有两个时期，即蓄水期和供水期。

（三）水电站群的电力补偿调节

在水电站（无论串联还是并联水库群）联网后，可进行统一调度，利用库容大调节性能好的水电站，帮助库容小调节性能差的水电站提高保证出水，使部分季节电能转变为保证出力，电力系统中水电站群的保证出力提高了，出力过程也比较均匀。下面介绍时历法径流电力补偿调节计算的步骤：

1.划分补偿电站和被补偿电站

划分的原则：库容系数大，多年平均流量大，电站容量大，综合利用要求比较简单的，作为第一类补偿电站；库容、水量，电站容量次大的作为第二类补偿电站；库容小的日调节和无调节水电站，作为被补偿电站。补偿能力较弱的电站先进行补偿，补偿能力最大的放在最后补偿。

2.确定各电站统一的设计枯水段

为了反映补偿调节后总保证出力的增加，应根据水文历史资料进行统计分析，选择统一的设计枯水段，供补偿调节计算之用。一般可将出力大的几个主要补偿电站的设计枯水段，当作全系统中的统一设计枯水段。

3.时历法电力补偿调节计算

（1）将被补偿电站按单库进行等流量的水能调节，计算时要根据统一的设计枯水段和已知的有效库容，求得出力过程。如果该水库有综合利用部门的用水要求，在调节计算中应予以满足。

（2）用同样的方法求出各被补偿电站的出力过程，将相同时间的出力叠加，得出总出力过程，如图8-2(a)所示，以此作为水电站群的补偿对象。

（3）依次作补偿调节计算。第一个先补偿电站的补偿调节，试算步骤如下：

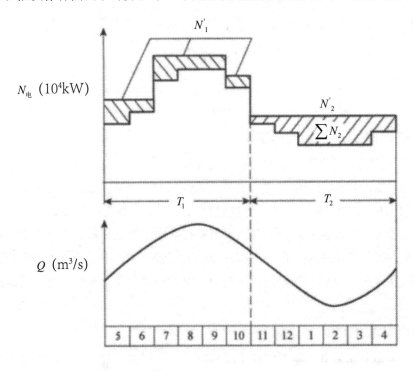

图8-2 电力补偿调节示意图

1）由补偿电站的径流过程，如图 8-2（b），可以大致确定补偿电站水库的蓄水段和放水段（T_1 和 T_2）。在图 8-2（a）中 T_2 时段内，拟定 N'_2，可得出补偿电站所需要产生的逐月出力值，即阴影部分所示 $\Sigma > N_2$。

2）根据补偿电站的有效库容及 T 时段来设计天然来水量，进行调节计算，判断至该时段末水库存水是否用完放空。

3）如果拟定的 N'_2 太大，则不到 T 时段末水库就提前放空了；如果 N'_2 偏小，则到 T_2 时段末水库还有剩余水量。故需重新拟定 N'_2，按上述方法重新调节计算，使水库能在 T_2 末刚好放空，则所拟定的 N'_2 即为所求。

4）以同样的试算法，进行蓄水时段 T_1 的补偿调节计算。当拟定的出力过程 N'_1 恰好使水库从放空到正好蓄满时，即为试算结果。

为了避免试算的次数过多，在假设 N'_1、N'_2 时，补偿电站可发出的总补偿出力，可用下式作预先近似的估算。

$$\Sigma N = 9.81\eta\left(\Sigma Q \pm \frac{V_{有效}}{T}\right)\overline{H}$$

式中，正号为放水段，负号为蓄水段；T 为相应放水或蓄水的时间；$V_{有效}$ 为有效蓄水库容；$\overline{H}$ 为平均水头，由 $\left(V_{死} + 0.5V_{有效}\right)$ 查上游库水位与下游水位 $\left(相应 Q_{调}\right)$ 之差求得。使近似计算的 ΣN 值与图 8-2（a）上的 ΣN_2。相等，从而得到的 N'_2 线，用 N'_2 试算一两次就可成功。

经过上述试算，求出第一补偿电站的出力过程，去填平被补偿电站总出力过程线的最低洼处，如图 8-3 所示，得出一条加上第一补偿电站出力的总出力过程线。

若还没有填平，再由第二补偿电站去填平该出力过程线的最低洼处。第二个补偿电站的调节计算方法与第一个相同。第三、第四补偿电站的调节计算方法与第一个相同。第三、第四补偿电站均依次如上法进行。这种补偿方式称为逐次填平的工作方式。

经过最后一个补偿电站的调节计算，仍不能完全填平，统一设计枯水段内，最低的总出力值即为水电站群补偿后的总保证出力。

在生产实践中，除用上述时历法进行径流电力补偿调节计算外，还有过去用电当量法进行电力补偿调节计算的。

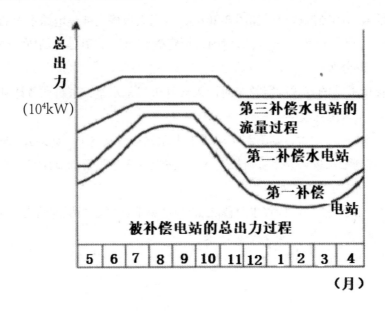

图 8-3　逐次填平补偿调节示意图

4.电当量法电力补偿调节计算简介

在一定落差下，流过水轮机的流量所能发出的电力及在一定的平均水头下水库的蓄积水量所具有的位能，都是完全确定的，且与流量 Q 和水库水量 W 的大小相应。因此，在出力和电能公式中，如果水头 H 不变，或取时段之平均值为常数，则流量 Q 和水库水量 W 将可以直接转化为相应的出力和电能，即称为 Q 和 W 的电力和电能当量。这样便可将各电站天然来水的流量过程，变为出力过程，并将各站出力加绘成总的出力差积线（称天然不蓄出力差积线）；而各电站有效库容，则化为相应的库容电当量 E_V，并总加之为 ΣE_V。然后，利用与图解径流调节计算同样的方法，可直接自总不蓄出力差积线上，求得水库群补偿后的总保证出力值 N（如图 8-4 中 N 线）。

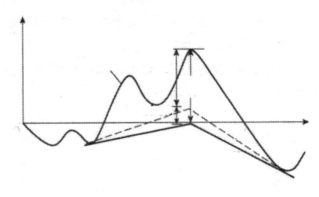

图 8-4　电当量法示意图

库容电当量可按下式计算：

$$E_V = 0.00272 \eta V_n H_{cp}$$

式中 V_n——水库的有效库容；

H_{cp}——水头（若为串联梯级水电站，则 H_{cp} 要用本电站及其以下各梯级电站的总水头）。

对于所述两种方法的优缺点可归纳如下：

用时历法进行补偿调节，对综合利用要求比较容易考虑，同时能求得比较精确的补偿后出力过程。因此在有综合利用的要求下，当参加补偿的电站不多，调节性能好的水库少，又要求做得比较精确的补偿后出力过程线时，时历法计算具有一定的优点。但是时历法需要试算，工作量较大。当补偿电站多时，电站的补偿位置亦很难确定，因位置不同，求得的过程线就不一样，因此考虑各电站的最大工作容量会相差很大。另外，对于梯级水库，当补偿位置决定后，如下游电站先补偿、上游电站后补偿，则下游电站要如何考虑上游电站的调节影响的问题，也比较复杂。故时历法用于各电站无水力联系时较方便。

当量法的缺点在于不易考虑综合利用的要求。求出补偿总保证出力后，尚须检验电库容在蓄水期末能否蓄满（如图 8-4 所示之 $\triangle E_v$ 即为蓄不满的修正值），另外尚须解决推求各电站出力过程的问题。其优点是不需试算，能很快求得整个系统补偿后的总出力过程，因此对大电力系统参加补偿的电站很多，电当量法可能有较大的优点。

（四）补偿调节的效益计算及其分析

设各水电站单独运转时的保证出力总和，即按同频率相加者为 $\sum (N)_p$，经过补偿调节后的总保证出力为 N_P^Σ，则两者之差为

$$\Delta N = N_P^\Sigma - \Sigma (N_P)$$

即为由于进行补偿调节后使系统保证出力增加之值，也是补偿调节之效益。

ΔN 系由两部分组成，第一部分为水文补偿效益，它是由于各河流水文条件不同步性通过电力系统联网但不进行库容补偿而获得的。其计算方法如下：把各电站单独运转时的出力过程同时间叠加，然后按大小次序排队，得总出力频率曲线，并求相应于设计保证率的出力值为 ΣN_t，则水文效益为：

$$\Delta N' = \Delta N - \Delta N' = N_P^\Sigma - \Sigma N_t$$

由上可见，两个以上水电站进行动能补偿调节时，增加的出力效益 ΔN，既与径流的相关程度有关，又与各库间调节性能的差异程度有关。当两方面的差别愈大，则联合运转所获得的水文补偿效益，以及补偿调节时所获得的库容补偿效益也都愈大，当两库库容不变，而径流间相关程度发生变化，及共同工作的方式不同时，产生对总保证出力影响的关系。

二、水电站库群蓄放水次序

在水电站群联合运行时，考虑水库群的蓄放水次序是一个很重要的问题。合理确定水电站水库群的蓄放水次序，可以使它们在联合运行中总的发电量最大。

（一）并联水电站水库蓄放水次序

并联水电站水库位于不同河流上，虽无水力联系，但通过联网后共同承担电力系统的负荷，则各水电站生产电能的方案有无穷多组合。例如，两个水电站可以一库多发电，另一库少发电，也可以两库平均分担负荷。究竟各水电站之间哪种电能生产分配方案最好，即哪个水库蓄水，哪个水库放水最有利，使各水电站联合运行所生产的总电能最大，这就是必须研究的并联水电站蓄放水次序问题。

具有年调节或多年调节性能的水库，在供水期生产电能的水量包括两部分：一部分是蓄水发出的电能 $E_{蓄}$；另一部分是河川天然流量发出的电能，即不蓄电能 $E_{不蓄}$，它与水库调节过程中的水头变化直接有关。当电力系统中有两个年调节的水电站，由于调度方案不同，相同时间发出同样数量的电能，所用的水量将会有多有少。而且由于各水库特性不同，引起水头变化也不同，这还将影响以后的发电量。通过研究水电站库群的蓄放水次序，以寻求河川天然流量尽可能在较高水头下发电运行的方案。

（二）串联水电站的蓄放水次序

串联水电站联网后，共同向电力系统提供一定的保证出力，各电站之间的出力分配有无数种组合方式。至于采用哪种方式调度，可使不蓄电能损失最小，生产电能最多，亦可推导出串联水电站蓄水放水次序的判别式。

三、水电站库群的调度工作

前面讲述了水电站库群调度的一些计算方法，下面对有关库群调度工作综述如下：

1. 水电站库群调度的目的

水电站库群的联合调度、统一管理，目的是为了充分合理地利用水资源，来提高水电站经济效益，实现安全经济运行，使国民经济获得较大效益。这不仅对已建成的水库群是重要的，而且对规划设计水利水电工程来说，也必须要从库群整体观点分析研究。

2. 水电站库群联合调度各阶段的任务

在规划设计阶段，主要是研究联合调度对水库参数和工程、经济等指标的影响，推求最优联合调度与参数指标之间的关系。通过综合经济计算与分析，确定库群中各水库合理的参数与相应的经济效益指标。在运行阶段，是在库群主要参数已经确定的条件下，通过水利计算制定最优联合调度方案，以及各水库调度图，用来指导各水库的运行，使国民经济获得较大效益。

3. 以发电为主的水库群联合调度的一般原则

在满足防洪的前提下，照顾综合利用部门的用水要求。在运行时，设计枯水年要求总的保证出力不发生破坏。在设计时应使总保证出力最大，使电力系统的投资减少。在平水年及丰水年要尽量减少弃水、多发电，以减少系统中火电站的燃料消耗。

4. 对于发电为主的库群，统一调度的方法

（1）根据库群的水文，库容特性，通过径流电力补偿调节计算，由补偿电站对被补偿电站的出力过程进行补偿，提高水电站群的总保证出力。

（2）根据库群不蓄电能损失最小的原则，通过蓄放水判别式，研究各水库蓄放水次序，确定合理的统一调度方式。

（3）应用现代数学理论和计算技术，求库群统一调度的最优解答，即优化调度问题。

当电力系统中既有并联水电站群又有串联水电站群时，既要研究补偿调节又要研究蓄放水次序的问题。

5. 认真贯彻执行相关规定

相关颁布的条例总结了过去水电站水库调度的经验，提出了明确的政策和要求。条例规定：

应充分发挥水库的发电、防洪、灌溉、航运和供水等部门的综合效益，按照设计文件或其他专门文件的规定执行，任何部门都不得任意改变。

水电站水库的正常蓄水位，汛期防洪限制水位、死水位，水电站保证出力，和水库调度设计是水库调度的依据，运行时不得任意改变。

水电站水库调度方案和年度发电计划的编制，应统筹兼顾，瞻前顾后，留有余地，根据水库综合利用任务和水库调度设计，要考虑水电站和电网的运行实况进行编制。

每年汛末应根据水库蓄水情况，按照设计调度图并适当参考来水预报，编制供水期水库调度方案，规定各时期（年末、供水期末）水库水位的控制范围，绘水库调度线，计算发电出力和供水量。在实际调度中，以短期预报进行修正。

对不同河流上的水电站和梯级水电站的调度，电网调度部门应利用各水电站水库不同的调节特性，进行补偿调节。

必须加强水文气象预报工作。应建立水电运行技术档案积累基本资料。水电站经济调度要进行考核。发电耗水率和水量利用率是考核水电站经济调度的主要技术经济指标。

不断提高水电站调度管理水平，再根据实际情况，努力采用实用的新技术，如利用电子计算机和先进通信手段，逐步实现了水电站调度的数字化和现代化。

例一：广东电网中并联水电站的调度方案。

广东电网包括枫树坝、新丰江、南水、流溪河、长湖等大型并联水电站。依据水库群最优蓄放水次序判别式的原理，分别计算出各电站库水位变化引起单位电能耗水量的改变（即相当不蓄电能损失的增值）。经分析比较,确定枫树坝和新丰江两库采取"先蓄、后供"

的运行方式，使之尽量保持高水位运行。这种方式改变了过去却只提高新丰江运行水位，压低枫树坝运行水位的方式。因此，获得了大量的电能效益。

例二：东北电网中并联、串联大型水电站群统一调度的经验。

东北电网中丰满（第二松花江上）、云峰、水丰（鸭绿江上），桓仁（浑江上）四大水电站进行合理调度，经济效益十分显著。主要经验：

（1）各级领导重视，建立正常工作秩序。贯彻《水电站水库经济运行条例》，每年蓄水初期组织各水库总结工作，交流经验，展望当年水情，编制电网水电站调度方案。汛后组织座谈会，开展评比竞赛，检查方案执行情况。

（2）掌握自然规律，按自然规律办事。蓄水期按水情"瞻前顾后，统筹兼顾，两手准备，灵活调度"。一手是遇丰水适时增加季节电能，避免或减少弃水；另一手是遇枯水及时控制少发电，力争汛末蓄满水库。供水期"以水定电"，按水位把关，切实按调度图调度，严防破坏。

开展长期天气、水文预报，加强对重大天气过程演变的监视，适时调整发电用水。如1980、1981年汛期二松流域来水偏丰，局部地区有大暴雨，根据天气趋势分析，连续性大面积暴雨有没有可能，使丰满既加大供水又维持在高水位以上运行，降低了耗水率，增加了发电量。

（3）合理调度水库群，发挥其联合作用进行补偿调节。"以丰补歉"。1978—1981年第二松花江和鸭绿江两水系为连续枯水年，汛期暴雨不同步，发挥了水文补偿作用，又充分利用丰满、云峰、水丰的多年调节性能进行补偿调节，收到较大的效益。虽然为连续枯水年，但都能恢复正常调度。

（4）从实际出发，摆正需要与可能的关系，处理好水电与火电的关系。搞好电网生产计划的综合平衡，做到水、火电站互相补偿。

（5）发挥基层的积极作用，领导认真分析群众意见，做出正确的决策。进行水库群调度运行时，需注意如下特点：

1）电网负荷的增长以及用电负荷的组成与供电组成的变化对调峰电站参数有影响，并且运行一段时期以后水库特性也产生了变化。因此，一定时期要根据新条件、新任务复核已建电站参数，尤其是系统中的关键性电站。

2）以水电站为主的电力系统，由于水电站在系统中占容量比重较大，会增加电力调度的复杂性。例如，黄河上的刘家峡、盐锅峡、八盘峡和青铜峡四个水电站容量占系统容量的1/2，运行中往往受到系统负荷、火电技术最小出力以及保安、供热、稳定等要求的约束，因此，调度中须论证调峰的合理经济范围，以充分发挥水电站的固有特性。

3）水电站既是电力系统组成部分又是水力系统组成部分，需考虑两个系统最优化前提下的水库控制运行。例如，黄河上的刘家峡、盐锅峡、八盘峡和青铜峡等水电站水库，除了一般水库都有的防洪、供水及灌溉用水要求外，还有防凌、防淤等特殊要求，这些要求均要妥善处理、合理满足、综合优化。

4）要有经济观点与价值观点。仅以发电量多少为指标不能完全反映经济、价值两个方面的效益，而需按照各电站各时期在电力系统中所起的作用，按质论价，合理地利用"价值规律"的杠杆作用，要确保电站有效地、安全地、经济地、可靠地供电。

如果电力系统中供电组成结构中任一部分不能发足预期额，则系统需求的电力、电量将遭到破坏，出现不平衡状态。欲使其平衡，或拉负荷削减系统需求量；或使水电或火电或其他电站超计划发电，缓和当务之急，但这将造成系统的恶性循环。如果水库调度控制运行合理，不仅满足系统电力电量的需要，而且可充分地、合理地利用可再生能源，节省系统能耗，使供电能源处于最优控制运行状态。

第三节　库群洪水调度

水库调度首先需要确保水库大坝安全并承担水库上、下游防洪任务。因此，水库群的防洪联合调度是首要任务。现在，水文气象预报精度的提高，系统决策科学理论的日益完善和计算机软硬件技术的快速发展，使得水库群间的联合优化调度变得越来越"智慧"。通过超级计算机的运算，我们已经能够比较准确地进行某一区域中短期的天气预报，结合调度模型对各水库的运行进行统一协调、统一安排。通过采取蓄洪滞洪、削峰错峰等措施，来减少水库最大泄量，达到保证各水库和区间防洪安全的目的，充分发挥水库群的防洪效益。例如，2010 年 7 月份长江上游干流发生了 1987 年以来的最大洪峰流量（7 万 m³/s），超过了 1998 年，但是洪灾严重程度与损失却小于 1998 年时的情况，这主要归功于以三峡水库为龙头的水库群的防洪联合调度发挥了巨大的作用。此次洪水，仅三峡水库拦蓄洪水就达到了 70 亿 m³，有效地减轻了长江中下游的防洪压力，再加上堤防、水闸、泵站、分洪区等配套防洪工程，有效保障了长江中下游的防洪安全。再如，在我国的清江流域，研究人员针对清江梯级水库群，在不降低水库及梯级原有的防洪标准前提下，建立联合调度模型，有效地利用了上游水布垭水库的防洪库容分担隔河岩水库部分防洪任务，还显著提高了梯级水库的发电量。下面按库群的组成形式，就并联和串联两种情况进行分别阐述。

一、并联水库群的防洪调节与调度方式

如图 8-5 所示，丙处为需要防洪地区，但由于缺乏适当建库的条件，而不得不把防洪库分散布置在支流上，如甲、乙等处。因此甲，乙两库的防洪任务，在于密切配合进行对区间和相互的补偿调节，使洪水来临时丙处流量能尽可能不超过其安全水位所相应的安全值，同时也要考虑各库本身的安全泄洪需要。库群计算的目的，就在于根据此防洪要求，来确定经济合理的两库的防洪库容、泄洪设备大小及操作方式。

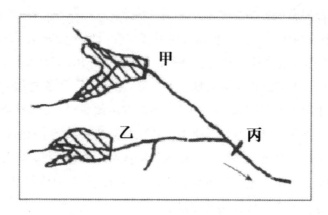

图 8-5　某河流并联水库布置示意图

1. 分析设计洪水的组成

在防洪调度计算之前，经水文计算求出丙处设计洪水过程线及其各组成部分。丙处洪水由哪些地区洪水组成，其比例和规律怎样，在时间、空间、数量上可能遭遇的情况，对水库群防洪来说是很重要的，也是复杂的。

如果丙处百年一遇洪水，可由甲、乙和区间各种不同频率的洪水组合而成，但是极限的情况有两种：一是甲处发生百年一遇洪水，而乙处发生相应的洪水；二是乙处发生百年一遇洪水，甲处发生相应洪水。第一种情况对甲水库最严重，第二种情况对乙水库最严重。第一种情况乙处的相应洪水可用下式求得：

$$\Sigma Q_乙 = \Sigma Q_{丙1\%} - \Sigma Q_{甲1\%}$$

若甲、乙与丙的区间流域洪水需要考虑时，可按 $Q_区 = Q_甲 \left(F_区 / F_甲 \right)^{1/2}$ 计算或其他方法求出。

2. 求总防洪库容 $V_{防、总}$

如果甲、乙到丙相应于防洪标准的区间设计洪峰流量，不大于丙处的安全泄量，则仍可根据丙处的设计洪水过程线，按 $q_{安、丙}$ 控制，求出所需要的总防洪库容 $V_{防、总}$。在实际调度中，由于补偿调节的误差，防洪库容不可能得到充分利用，故设置 $V_{防、总}$ 时需再增加 10% ~ 30%。

3. 防洪库容的分配

甲、乙两并联水库如何分配 $V_{防、总}$，要先确定各库的防洪库容。若丙处发生设计洪水，乙丙区间（即丙流域面积减去乙坝址流域面积）也发生同频率的洪水，而乙处流域发生相应洪水，设乙库相当大，能完全控制乙坝址以上洪水。根据乙丙区间同频率洪水，按丙处为安全泄量泄洪的情况计算，得出甲库所需要的防洪库容就是甲库必需的防洪库容。同理，乙库的必须防洪库容，应根据甲丙区间（丙处流域面积减去甲库流域面积）发生相应于设计标准的洪水，按丙处为安全泄洪的情况计算得出。

由总防洪库容 $V_{防、总}$ 减去两库必须防洪库容之和，得出两库应共同分担的防洪库容。至于如何分配，一般原则为：（1）干流水库较支流水库、距防护点近的较距防护点远的水库，洪水比重大的水库较比重小的水库，应多分担一些共同承担的防洪库容。（2）按各水库总兴利损失最小的原则分配。在初步方案拟定时，可以尽量利用防洪与兴利可能结合的共同库容。如不够，再由调节性能较高、本身防洪要求较高、发电水头较低的水库多分配一些。（3）按总计算支出最小分配。在满足下游防洪要求的前提下，各分配方案的计算支出最小，以确定最优的方案。各方案兴利效益的差值，用替代方案的投资和运行费折算。

在某些洪水分配情况变化剧烈的河流，有时求出的总必须防洪库容可能超过所需要的总防洪库容 $V_{防、总}$，这种情况下则以甲、乙两库总的必须防洪库容作为它们的 $V_{防、总}$。此时两库也就无须再分担防洪库容了。

4. 防洪调度方式

（1）固定下泄流量的方式。若各水库属于同一暴雨区，洪水基本上同步，且区间流域面积很小，防护点的洪水主要来自各库，可采用固定下泄流量的方式进行洪水调节。它与单库固定下泄流量的防洪调度方式类似，根据防洪等级标准的不同，可分为一级或多级固定下泄流量。所不同之处在于，按前述方法拟定的各库防洪库容，分别规定各库的分级判别条件和下泄流量。

（2）补偿调度方式。由于各水库洪水的多变性，以及区间洪水的影响，为了有效地发挥库群的防洪作用，需要对区间洪水或水库之间进行补偿调节。

如图 8-5 所示，当丙处发生设计洪水时，乙库发生同频率洪水，甲库发生相应洪水，乙库按满足自身防洪要求的方式进行调洪，甲库根据区间和乙库泄洪情况进行补偿调节。又如，根据预报甲乙两库发生的洪水相近，但乙库来洪比甲库早，则应先调蓄乙库，使甲库尽量腾出库容，以迎接迟到的洪峰，这种情况即乙库先作补偿调节蓄满防洪库容，然后甲库进行补偿调节后，蓄满防洪库容。

二、串联水库的防洪调节与调度方式

梯级水库与并联水库的防洪调度不同之处主要在于各库间的上下水力联系。这种相互间的水力联系，导致在防洪安全本身和为下游的防洪库容分配上，具有与并联时有所不同的两个特点。一是由于各库大小和设计标准可能不同而带来的梯级水库设计洪水标准的统一确定问题；二是由于梯级防洪库容直接地互相影响，应如何合理分配的问题。

1. 串联水库的防洪库容

串联水库与并联水库一样，在进行防洪调节计算之前，需要分析计算设计洪水的组成，求出总防洪库容 $V_{防、总}$，再分配各水库所承担的 $V_{防、总}$。

如图 8-6 所示，甲乙两串联水库共同承担丙处的防洪任务。如果乙库到防洪控制站丙处，相应于防洪标准的区间设计洪峰流量小于丙处的安全泄流量 $q_{安、丙}$，则可根据丙处的设计洪水过程线，按 $q_{安、丙}$ 控制用单库方法求出所需的总防洪库容 $V_{防、总}$。再以（1.1 ~ 1.3）$V_{防、总}$ 分配到各水库。

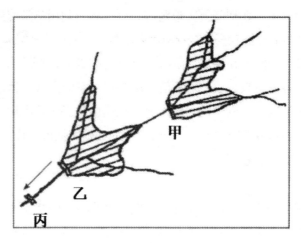

图 8-6　某河流串联水库布置示意图

为满足丙处设计的防洪要求，当甲乙之间的河段本身无防洪要求时，则乙库必须承担的防洪库容，由甲乙及乙丙区间中同频率洪水按 $q_{安、丙}$ 控制，经调洪计算得出。假如，乙库的实际防洪库容小于这个必须防洪库容，当甲丙区间出现设计洪水时，即使甲库不放水，也不能满足丙处的防洪要求。由于甲库的泄水可由乙库控制，故甲库并无必须承担的防洪库容。

当 $V_{防、总}$ 减去必须防洪库容，得两库应共同分担的防洪库容。根据实践经验，梯级水库分担防洪库容时，使库容较大，本身防洪要求高，水头较低，梯级的下一级、距防护区较近的水库，多承担一些防洪库容比较有利。

2. 串联水库的防洪调度方式

防洪调度方式主要是进行各水库之间的防洪补偿调节，以及对各水库的蓄洪泄洪次序做出决策。如图 8-6，如果甲乙两水库调洪性能相差较大，应以调洪性能较高的甲水库为补偿水库，调洪性能较低的水库按单独运行方式调节洪水。如果甲乙两水库的调洪能力相差不多，当丙处发生设计洪水时，需根据甲库的入库洪水和甲乙区间洪水的组合情况来决定蓄泄次序。一般来说，在丙处发生大洪水时，需要甲乙两水库拦洪错峰，若甲库拦蓄的洪量对减轻丙处水灾确有作用，则先蓄甲库比较有利。当甲库泄量减少到不能再小时，才适当应用乙库拦洪。若甲库和甲乙区间同时遭遇较大洪水，需根据较准确的洪水预报，并考虑乙丙区间洪水的影响，采取两库分担丙处洪水的补偿调节方式，再结合两库防洪库容大小，确定总蓄洪量和两库各分配的蓄洪量。

若甲乙区间也有防洪要求，则甲库的泄洪、乙库的蓄洪，在上述防洪调度中也应结合考虑。

对于多库防洪调节以及调度方式的原则是一致的，可参照上述方法进行。在工作中可选择实测的（或模拟的）若干场次典型暴雨洪水，分别进行水文分析、库群防洪调节，并编制出调度方案，做到胸有成竹。当实际发生洪水时，可参考所编的一些方案，再进行库群防洪调度。

结　语

　　水利工程的建设周期比较长，所以在水利工程的日常工作中需要加强对水利工程运行的管理与监督力度，以避免水利工程在工作过程中出现各种问题，影响水库的工作效率。水利工程可以为社会发展提高社会效益，水利工程的建设为人们的生活提供了便利，因此相关管理与技术人员需要注重发挥自身价值，促进水利工程建设事业的快速发展。

　　在我国，水库的调度管理对抗洪防灾工作意义非凡，因此研究水库调度存在的问题并给出解决方案尤为重要。通过科学的、有效的手段来调整堤坝设计，增强水库调度管理能力。水库调度管理工作的开展对解决我国各地域水资源不平衡等问题效果显著，发展水库调度管理工作，加快我国现代化建设进程，通过各项举措，保证了我国水库调度管理工作合理有序地进行，保障我国人民生命财产的安全。

　　水利工程项目的存在是促进经济和社会发展，同时能够有效控制洪涝灾害，在特殊时期进行抗旱、蓄水，兼具发电等功能。水利工程的这些功能不仅能够减少污染，改善环境，而且还能大大改善人们生产生活面貌。但是这些都需要以良好的水利工程项目管理工作为基础，相关人员、企业必须采取有效措施确保工程建设质量，提升水利工程建设管理工作水平，充分发挥水利工程作用。

　　总之，水利工程建设是基础设施建设中的重要组成部分，也是利国利民的民生工程。通过上述的分析探讨，了解了水利工程管理尤其重要。管理好了可以在很大程度上确保和提升水利工程建设的质量；但水利工程工程管理也是一项复杂的工作，在水利工程实际管理过程中必须要从多个方面进行管理，不断完善制度，采用先进的管理手段，提高管理水平，提升水利工程的质量，推动水利工程建设朝着健康有序的方向发展。

参考文献

[1] 刘世梁，赵清贺，董世魁.水利水电工程建设的生态效应评价研究 [M].北京：中国环境出版社，2016.

[2] 杜伟华，徐军，季生.水利水电工程项目管理与评价 [M].北京：光明日报出版社，2015.

[3] 康喜梅，徐洲元.水利水电工程项目管理 [M].北京：中国水利水电出版社，2015.

[4] 倪福全，邓玉，胡建.水利工程实践教学指导 [M].成都：西南交通大学出版社，2015.

[5] 杜守建，周长勇.水利工程技术管理 [M].郑州：黄河水利出版社，2013.

[6] 王飞寒，吕桂军，张梦宇.水利工程建设监理实务 [M].郑州：黄河水利出版社，2015.

[7] 黄建文，周宜红，赵春菊.水利水电工程项目管理 [M].北京:中国水利水电出版社，2017.

[8] 于建华.水利工程建设项目施工组织与管理探究 [M].北京：中国水利水电出版社，2016.

[9] 何俊，张海娥，李学明.水利工程造价 [M].郑州：黄河水利出版社，2016.

[10] 苗兴皓，王艳玲.水利工程法律法规汇编与案例分析 [M].济南：山东大学出版社，2016.

[11] 吉辛望，赵建河.水利水电工程管理与实务相关规范性（标准）文件及规程规范导读第 2 版 [M].郑州：黄河水利出版社，2016.

[12] 戴能武，向东方，黄炳钦.水利信息化建设理论与实践 [M].武汉：长江出版社，2016.

[13] 魏国宏.水利灌区施工与安全监测 [M].郑州：黄河水利出版社，2016.

[14] 丁陆军，刘栋，冯永.水利水电工程项目管理 [M].上海：上海交通大学出版社，2016.

[15] 何俊，韩冬梅，陈文江.水利工程造价 [M].武汉：华中科技大学出版社，2017.

[16] 苗兴皓.水利水电工程造价与实务 [M].北京：中国环境出版社，2017.

[17] 张家驹.水利水电工程造价员工作笔记 [M].北京：机械工业出版社，2017.

[18] 尹红莲, 王典鹤, 赵旭升. 水利水电工程造价与招投标技能训练(第2版)[M]. 郑州：黄河水利出版社, 2017.

[19] 常全利, 李曦, 虞泽. 水利扶贫工作考核制度研究 [M]. 郑州：黄河水利出版社, 2017.

[20] 高占祥. 水利水电工程施工项目管理 [M]. 南昌：江西科学技术出版社, 2018.

[21] 袁俊周, 郭磊, 王春艳. 水利水电工程与管理研究 [M]. 郑州：黄河水利出版社, 2019.

[22] 王东升, 徐培蓁. 水利水电工程施工安全生产技术 [M]. 徐州：中国矿业大学出版社, 2018.

[23] 张毅. 工程项目建设程序第2版 [M]. 北京：中国建筑工业出版社, 2018.

[24] 侯超普. 水利工程建设投资控制及合同管理实务 [M]. 郑州：黄河水利出版社, 2019.

[25] 赵宇飞, 祝云宪, 姜龙. 水利工程建设管理信息化技术应用 [M]. 北京：中国水利水电出版社, 2018.

[26] 鲍宏喆, 杨二, 申震洲. 开发建设项目水利工程水土保持设施竣工验收方法与实务 [M]. 郑州：黄河水利出版社, 2018.

[27] 常宏伟, 王德利, 袁云. 水利建设与项目管理研究 [M]. 沈阳：辽宁大学出版社, 2019.

[28] 孙祥鹏, 廖华春. 大型水利工程建设项目管理系统研究与实践 [M]. 郑州：黄河水利出版社, 2019.